国网浙江省电力公司　组编
朱永昶　主编

500kV变电站
异常及事故案例分析

500kV BIANDIANZHAN
YICHANG JI SHIGU ANLI FENXI

U0260623

中国电力出版社
CHINA ELECTRIC POWER PRESS

内 容 提 要

本书是以 2014 年第九届全国电力行业职业技能竞赛（500kV 变电站值班员）所用的 500kV 小城变电站仿真系统为背景，介绍了 500kV 小城变电站的系统和主要设备，详细分析了 220kV 线路、500kV 线路、500kV 主变、500kV 母线、220kV 母线、35kV 母线及无功设备、380V 站用电等 29 个异常及事故案例。本书在每个案例前面设置了"前置要点分析"，深入浅出地阐述了近 60 个技术要点，可有效增强读者进行案例分析的效果。

本书主要供具有一定变电站运维工作经验的人员阅读，也可供各类电气工程专业的院校高年级师生参考。

图书在版编目（CIP）数据

500kV 变电站异常及事故案例分析／国网浙江省电力公司组编 .—北京：中国电力出版社，2017.5
ISBN 978-7-5198-0783-2

Ⅰ．①5… Ⅱ．①国… Ⅲ．①变电所—事故分析 Ⅳ．① TM63

中国版本图书馆 CIP 数据核字（2017）第 115002 号

出版发行：中国电力出版社
地　　址：北京市东城区北京站西街 19 号（邮政编码 100005）
网　　址：http://www.cepp.sgcc.com.cn
责任编辑：刘丽平（liping-liu@sgcc.com.cn）
责任校对：王开云
装帧设计：王英磊　张　娟
责任印制：邹树群

印　　刷：三河市万龙印装有限公司
版　　次：2017 年 7 月第一版
印　　次：2017 年 7 月北京第一次印刷
开　　本：787 毫米 ×1092 毫米　16 开本
印　　张：13.5
字　　数：千字
印　　数：0001—2000 册
定　　价：54.00 元

前 言

　　众所周知，要真正认识一座变电站是一件很困难的事。即便从事变电运维工作已经很久，已经知晓了变电站各个子系统和设备的方方面面，但当所有这些子系统和设备作为一个有机整体运行时，我们仍经常会感到对某些运行现象进行深入分析不是一件容易的事。在发生异常或事故时，要快速作出正确分析和判断就更为不易。在另一方面，我们平时在开展事故预想、案例分析时，经常因缺乏详实的技术资料和技术书籍而难以深入。

　　为尝试解决上述问题，本书在分析案例时直面技术细节，详细介绍在各类异常和事故情形下变电站相关设备和系统的动作行为，并清晰呈现各类信号，通过最大程度地还原现场情景来全景式地展现每个案例。读者可以静下心来细细研读，我们相信，书中的不少内容对读者分析自身工作中遇到的问题会有直接的借鉴作用。

　　本书共九章，第一章阐述了500kV小城变电站的系统和主要设备，第二章到第八章分别介绍了220kV线路、500kV线路、500kV主变、500kV母线、220kV母线、35kV设备以及380V站用电的案例，第九章介绍了几个综合性案例。

　　为帮助读者理解案例，本书还在每个案例前面设置了"前置要点分析"，深入浅出地阐述了近60个技术要点，能有效增强读者进行案例分析的效果。这些要点分析单独阅读也有一定价值。

　　朱永昶编写了第一、二、三、八章及第九章的第一、二、三节，顾黎明编写了第五、六章和第九章的第四节，孙伟军编写了第四、七章。全书由朱永昶统稿。

　　吴金祥、钱国钟、夏溪惠等担任审阅工作，三位专家提出了非常详实的修改建议。连亦芳、薛向阳等提供了很多宝贵的技术支持，王海珍、蔡海伟、陈由驹、倪跃军、邱荣鑫等也做出了贡献。在此一并表示衷心的谢意！

　　本书主要供具有一定变电站运维工作经验的人员阅读，也可供高等院校电气工程专业的高年级师生参考。

　　本书可单独使用，也可作为500kV小城变电站仿真系统的配套教材。500kV小城变电站仿真系统是2014年第九届全国电力行业职业技能竞赛（500kV变电站值班员）所用的系统，大部分省份都安装有该系统。本书作者是这套仿真系统的主要研发者。

　　由于变电运维技术具有多专业维度复合的特点，而作者水平有限，因此书中肯定会有错漏之处，还望读者朋友不吝指正。

作 者

2017.5

目 录

第一章

500kV 小城变电站设备及系统

第一节　500kV 小城变电站基本情况

　　500kV 小城变电站位于我国东南沿海某历史悠久的小城市附近，占地 7.6 公顷，是所在省沿海电力大通道的重要节点。500kV 小城变电站远景规划安装 750MVA 主变 4 组，500kV 出线 12 回，220kV 出线 14 回。

　　图 1-1 是 500kV 小城变电站的鸟瞰图。

图 1-1　500kV 小城变电站鸟瞰

一、小城变电站Ⅰ期工程

　　小城变电站Ⅰ期工程为 500kV 开关站部分，于 2008 年 1 月 20 日投运。

　　本期 500kV 配电装置采用 3/2 接线，AIS❶ 设备。共有 500kV 线路 6 回，有完整线线串 1 串、不完整线路串 4 串。站外 35kV 进线 1 回，供 0 号站用变。直流系统采用单母单分段接线，共有 3 组充电机、2 组蓄电池。故障录波器采用 YS-89A 型故障录波器。

二、小城变电站Ⅱ期工程

　　小城变电站Ⅱ期工程为 2 号主变扩建部分，其中 220kV 1 号母联开关、小清 2281 线、

---

　　❶　AIS 为空气绝缘的敞开式开关设备。

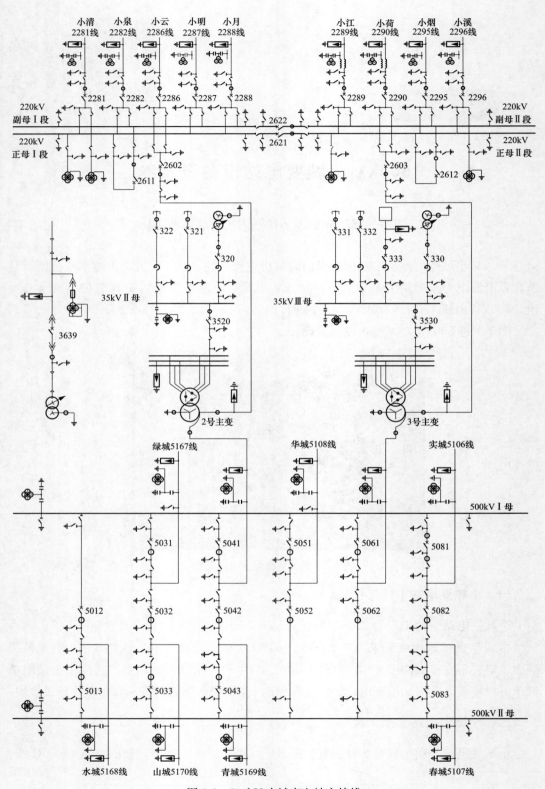

图 1-2　500kV 小城变电站主接线

小明 2287 线间隔于 2008 年 11 月 18 日投运，2 号主变间隔于 2008 年 11 月 19 日投运。

　　本期完善 500kV 第四串，新建 220kV 配电装置，采用双母线接线方式。本期新建 2 号主变 35kV 侧配电装置，安装 2 号主变 35kV 侧总开关、两组 60Mvar 低抗（低抗开关为后置式）、1 号站用变。220kV 两套母差保护采用 BP-2B 型保护，为双母线接线母差保护。220kV 母联开关充电解列保护采用 RCS-923A 型保护。

三、小城变电站Ⅲ期工程

　　小城变电站Ⅲ期工程为 3 号主变扩建部分，于 2009 年 11 月 24 日投运。本期新建 500kV 第六串不完整主变串，本期新上 3 号主变、小泉 2282 线、2 号母联开关、正母分段开关、副母分段开关等间隔，220kV 接线完善为双母双分段接线。本期新建 3 号主变 35kV 配电装置，安装 3 号主变 35kV 侧总开关、1 组 60Mvar 低抗、2 号站用变。220kV 两套母差保护本期完善为双母线双分段接线母差保护。220kV 母联开关、分段开关充电解列保护采用 RCS-923A 型保护。

　　小烟 2295 线、小溪 2296 线间隔于 2009 年 12 月 10 日投运。小月 2288 线间隔于 2010 年 1 月 8 日投运。小云 2286 线间隔于 2010 年 3 月 26 日投运。小江 2289 线、小荷 2290 线间隔于 2010 年 6 月 16 日投运。

　　实城 5106 线 5081 开关间隔于 2013 年 9 月 26 日投运。本期完善 500kV 第八串，5081 开关间隔采用 HGIS（Hybrid Gas Insulated Switchgear）设备。

　　3 号主变 1 号、2 号低抗间隔于 2013 年 10 月 12 日投运。低抗开关为后置式，低抗保护均采用 NSR-668RF 型保护，低抗测控均采用 REF-545C 型测控装置，保护与测控装置组合安装在同一面屏上。

第二节　电气主接线及调度关系

一、变电站接线情况

　　小城变电站现有 500kV 主变 2 组，总容量为 1500MVA（2×750MVA）。2 号主变由重庆 ABB 变压器有限公司生产，3 号主变由常州东芝变压器有限公司生产。2 台主变低压侧均设置总开关。

　　500kV 系统采用 3/2 接线方式，有 500kV 线路 7 回，分为 6 串。其中，第三、四、八串是完整串，第一、五、六串是不完整串。第三、八串为线线串，第四串是线变串。

　　220kV 系统为双母线双分段接线方式，220kV 线路 9 回。

　　35kV 系统为单母线接线方式，主要提供站用电及用于接入系统调压用的低抗和低容。1 号、2 号站用变及由站外 35kV 电源城变 3639 线供电的 0 号站用变作为站用电电源。

二、调度关系

整个变电站的设备由国调分中心、省调和县调分别管辖，站用电系统由当值值长管辖。具体划分为：

（1）国调分中心管辖设备：2号主变及其三侧开关，3号主变及其三侧开关，500kVⅠ、Ⅱ段母线及母线设备，500kV线路及其开关，2号主变低压侧35kVⅡ母线及母线设备、35kV低抗及其开关，3号主变低压侧35kVⅢ母线及母线设备、35kV低抗、35kV低容及其开关。

（2）省调管辖设备：220kV母线及母线设备、220kV 1号母联开关，220kV 2号母联开关，220kV正母分段开关，220kV副母分段开关，小清2281线、小泉2282线、小云2286线、小明2287线、小月2288线、小江2289线、小荷2290线、小烟2295线、小溪2296线及开关。

（3）县调管辖设备：城变363967线路刀闸。

（4）当值值长管辖设备：1号站用变及站用变高压开关、刀闸，2号站用变及站用变高压开关、刀闸，0号站用变、城变3639线路TV、城变3639手车开关及开关变压器侧接地刀闸（即城变363917站用变接地刀闸）、380V站用电系统。

（5）国调分中心与省调分界点为主变220kV母线刀闸。

三、正常运行方式

500kV小城变电站的正常运行方式为：

（1）绿城5167线、水城5168线、青城5169线、山城5170线、春城5107线、华城5108线、实城5106线运行。

（2）水城线5012开关、水城线5013开关、绿城线5031开关、绿城线/山城线5032开关、山城线5033开关、2号主变5041开关、2号主变/青城线5042开关、青城线5043开关、华城线5051开关、华城线5052开关、3号主变5061开关、3号主变5062开关、实城线5081开关、实城线/春城线5082开关、春城线5083开关运行。

（3）2号主变、2号主变2602开关、2号主变3520开关运行；2号主变1号低抗、2号低抗充电。

（4）3号主变、3号主变2603开关、3号主变3530开关运行；3号主变1号低抗、2号低抗充电，3号主变3号低容热备用。

（5）220kV 1号母联2611开关、220kV 2号母联2612开关、正母分段2621开关、副母分段2622开关运行。

（6）小清2281线、小明2287线正母Ⅰ段运行；小泉2282线、小云2286线、小月2288线、2号主变2602开关副母Ⅰ段运行；小江2289线、小烟2295线、3号主变2603开关正母Ⅱ段运行；小荷2290线、小溪2296线副母Ⅱ段运行。

（7）城变3639线、0号站用变、1号站用变、2号站用变运行；1号站用变低压侧开关 1ZK 运行，向 380V Ⅰ 母供电；2 号站用变低压侧开关 2ZK 运行，向 380V Ⅱ 母供电；0 号站用变 1 号备用分支开关 01ZK、2 号备用分支开关 02ZK、380V 母线分段开关 3ZK 热备用。

（8）直流系统 1 号、2 号充电机运行，3 号充电机备用。

（9）2 号主变挡位为 3 挡，3 号主变挡位为 3 挡。1 号站用变挡位为 4 挡，2 号站用变挡位为 4 挡，0 号站用变挡位为 4 挡。

在进行案例分析时，要注意低抗、低容的运行状态。在正常运行方式下，所有低抗是处于充电状态、低容是处于热备用状态的。

第三节　主　要　一　次　设　备

一、主变

小城变电站现有的两组主变压器，即 2 号和 3 号主变，均采用单相变压器组。

2 号主变 500kV 侧接于 500kV 第四串，正常运行方式下 2 号主变 2602 开关接于 220kV 副母 Ⅰ 段母线，2 号主变由重庆 ABB 变压器有限公司生产，如图 1-3 所示。

3 号主变 500kV 侧接于 500kV 第六串，正常运行方式下 3 号主变 2603 开关接于 220kV 正母 Ⅱ 段母线，3 号主变由常州东芝变压器有限公司生产，如图 1-4 所示。

图 1-3　2 号主变　　　　　　　　　　　图 1-4　3 号主变

二、开关

小城变电站的开关有 AIS 和 GIS❶ 两类。

1. 支柱式开关

目前变电站安装了 500kV 开关 14 组、220kV 开关 15 组、35kV 开关 10 组，共有 10 种型号的 AIS 开关。

各种型号开关的技术参数如表 1-1～表 1-3 所示。

---

❶ GIS 为气体绝缘金属封闭开关设备。

表 1-1 500kV 开关型号

型号	3AT2-EI	3AT3-EI	LW10B-550W/CYT	HPL550B2
安装位置	第一、三、四串	第五、八串	第六串	第四串
断口	双断口	双断口（带合闸电阻）	双断口	双断口
数量	7组	4组	2组	1组
灭弧和绝缘介质	SF_6 气体	SF_6 气体	SF_6 气体	SF_6 气体
操动机构	电动液压机构，三相分基座，三相独立储能			电动弹簧机构，三相分基座，三相独立储能
厂家	杭州西门子开关有限公司		河南平高电气股份有限公司	北京 ABB 高压开关有限公司

表 1-2 220kV 开关型号

型号	3AP1-FI	3AP1-FG
安装位置	220kV 出线	1号母联开关、2号主变 2602 开关、2号母联开关、3号主变 2603 开关、正母分段开关、副母分段开关
断口	单断口	单断口
数量	9组	6组
灭弧和绝缘介质	SF_6 气体	SF_6 气体
操动机构	分相弹簧机构，分相安装	弹簧机构，三相联动操作
厂家	杭州西门子开关有限公司	杭州西门子开关有限公司

表 1-3 35kV 开关型号

型号	3AQ1-EG	3AP1-FG	FP4025D	LW8-35AG
安装位置	2号主变 3520 开关、3号主变 3530 开关	2号主变1号、2号低抗开关，1号站用变开关，2号站用变开关，3号主变3号低容开关	城变 3639 开关	3号主变1号、2号低抗开关
断口数量	单断口	单断口	单断口	单断口
绝缘介质	SF_6	SF_6	SF_6	SF_6
开关数量	2组	5组	1组	2组
操动机构	液压机构 三相联动操作	弹簧机构，三相联动操作		
制造厂家	杭州西门子开关有限公司	杭州西门子开关有限公司	苏州阿海珐开关有限公司	山东泰开电力开关有限公司

2. HGIS 组合电器

实城线 5081 开关及附属设备采用 HGIS 组合电器。实城线 5081 开关间隔如图 1-5 所示。

图 1-5 实城线 5081 开关间隔

三、刀闸

小城变电站刀闸类型众多，共有 16 个型号的刀闸，规格则有 22 个之多。

1. 500kV 刀闸

500kV 刀闸主要有杭州西门子开关有限公司生产的 PR51-MM40、TR53-MM40、KR51-MM40、BR5-1M63（独立接地刀闸），西安西电高压开关有限责任公司生产的 GW11-550WI。其中以 TR53 最为典型，如图 1-6 和图 1-7 所示。

图 1-6　TR53 型刀闸

图 1-7　TR53 型刀闸在配电装置中的位置

图 1-8　CC0420-EC50-R 型刀闸

2. 220kV 刀闸

220kV 刀闸主要有杭州西门子开关有限公司生产的 PR20-M40、DR21-MM40、DR22-MM40，西安西电高压开关有限责任公司生产的 GW7-252DW（2500A、4000A）、GW7-252ⅡDW（2500A、4000A）、GW10-252W（2500A、4000A）、JW-252W（独立接地刀闸）等。

3. 35kV 刀闸

35kV 刀闸主要有杭州西门子开关有限公司生产的 DR01-MM25、DR02-MM40，宁波阿鲁亚德胜有限公司生产的 CC0420-EC50-R 等。

图 1-8 所示为 3 号主变 1 号和 2 号低抗的 CC0420-EC50-R 型刀闸。

第四节　主 要 二 次 设 备

一、计算机监控设备

1. 站级层计算机监控系统

小城变电站计算机监控系统的站级层硬件采用 SUN 公司的 V240 机架式工作站，软件采用南瑞科技的 NS 2000（UINX）系统，为分层分布式、双网结构。

2. 间隔层测控装置

间隔层测控采用 ABB 公司的 REC670、REC561 和 REF54×系列测控装置。具体配置如下：

（1）500kV 及 220kV 线路的开关、2 号主变 5041 开关、2 号主变/青城线 5042 开关、2 号主变 2602 开关、220kV 1 号母联开关、500kV 及 220kV 母线、2 号主变本体、35 继保室的公用信息都分别对应一个 REC561 型测控装置。

（2）3 号主变 5061 开关、3 号主变 5062 开关、备用（二）线 5063 开关、3 号主变 2603 开关、220kV 2 号母联开关、3 号主变本体及 35kV 侧、220kV 正母分段开关、220kV 副母分段开关、小江 2289 开关、小荷 2290 开关都分别对应一个 REC670 型测控装置。

（3）52、53 继保室的公用信息屏、2 号主变 3520 开关、2 号主变 1 号低抗 321 开关、2 号主变 2 号低抗 322 开关、3 号主变 3 号低容 333 开关各配置一个 REF545C 型测控装置，0、1、2 号站用变各配置一个 REF543C 型测控装置；35kVⅡ母线、35kVⅢ母线、0 号站用变 1 号备用分支开关 01ZK 及 2 号备用分支开关 02ZK、1 号站用变低压侧开关 1ZK、2 号站用变低压侧开关 2ZK、380V 母分开关分别配置一个 REF541C 型测控装置。

小城变电站计算机监控系统拓扑图如图 1-9 所示，小城变电站监控分画面目录、光字牌目录分别如图 1-10、图 1-11 所示。

二、主变保护

1. 2 号主变保护

小城变电站 2 号主变保护由电气量保护和非电气量保护（即主变本体保护）组成。电气量保护分主保护和后备保护，主保护按双重化原则配置，均采用 ABB 公司的 RET670 型保护。电气量保护按安装位置不同称为第一套保护和第二套保护，非电气量保护称为本体保护。

第一套保护和本体保护置于 2 号主变第一套/本体保护屏 RC41 内，第二套保护置于 2 号主变第二套保护屏 RC42 内，两面屏均位于 35 继保室内。

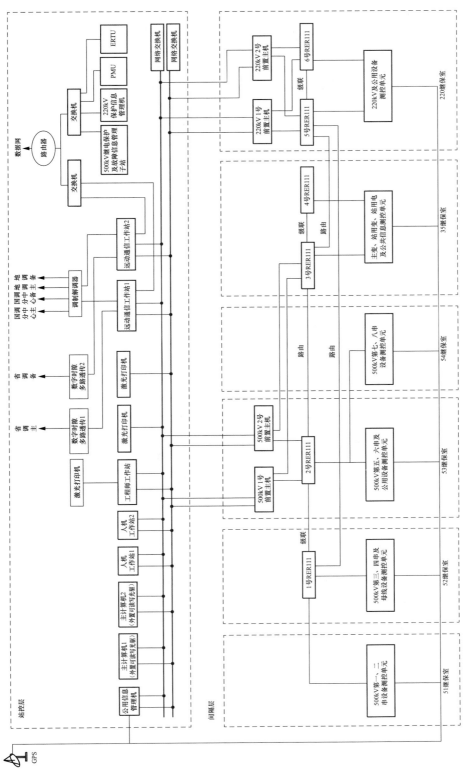

图 1-9 小城变电站计算机监控系统拓扑图

500kV第一串	城变3639线	3号主变2号低抗	2号主变2号低抗
500kV第三串	1号站用变	220kV正母分段	3号主变3号低容
500kV第四串	2号站用变	220kV副母分段	小清2281线
500kV第五串	2号主变	220kV正母Ⅰ段	小泉2282线
500kV第六串	2号主变500kV侧	220kV副母Ⅰ段	小云2286线
500kV第八串	2号主变220kV侧	220kV正母Ⅱ段	小明2287线
500kV备用	2号主变35kV侧	220kV副母Ⅱ段	小月2288线
500kV备用	3号主变	220kV 1号母联	小江2289线
500kVⅠ母	3号主变500kV侧	220kV 2号母联	小荷2290线
500kVⅡ母	3号主变220kV侧	35kVⅡ母	小烟2295线
站用电	3号主变35kV侧	35kVⅢ母	小溪2296线
500kV备用	3号主变1号低抗	2号主变1号低抗	220kV备用

图1-10　500kV小城变电站监控分画面目录

5011开关	青城5169线	城变3639线	2号主变	小清2281线
水城线5012开关	华城5108线	0号站用电1	2号主变1号低抗	小泉2282线
水城线5013开关	华城线5051开关	0号站用电2	2号主变2号低抗	小云2286线
水城5168线	华城线5052开关	站用电分段	2号主变2602开关	小明2287线
绿城5167线	5053开关	直流系统1	220kV 1号母联	小月2288线
绿城线5031开关	实城线5081开关	直流系统2	35kVⅡ母	小江2289线
绿城线/山城线5032开关	实城线/春城线5082开关	1号站用电	2号主变3520开关	小荷2290线
山城5033开关	春城5083开关	2号站用电	3号主变	小烟2295线
山城5170线	春城5107线	1号站用变	3号主变3号低容	小溪2296线
2号主变5041开关	实城5106线	2号站用变	3号主变2603开关	220kV正母Ⅰ段
2号主变/青城线5042开关	500kVⅠ母线	UPS光字牌	3号主变3530开关	220kV副母Ⅰ段
青城线5043开关	500kVⅡ母线	接地巡检光字牌	3号主变1号低抗	220kV正母Ⅱ段
3号主变5061开关	500kV公用测控1	500kV TV	3号主变2号低抗	220kV副母Ⅱ段
3号主变5062开关	500kV公用测控2	220kV TV	220kV 2号母联	220kV正母分段
5063开关	备用	35kV公用测控	35kVⅢ母	220kV副母分段

图1-11　500kV小城变电站光字牌目录

2. 3号主变保护

小城变电站3号主变保护由电气量保护和非电气量保护（即主变本体保护）组成。电气量保护分主保护和后备保护，主保护和后备保护均按双重化原则配置，采用南瑞继保的 RCS-978C 型保护，电气量保护按安装位置不同称为第一套保护和第二套保护。非电气量保护称为本体保护，采用南瑞继保的 RCS-974FG 型保护。3主变 220kV 开关失灵保护采用南瑞继保的 RCS-923C 型保护。

第一套保护置于3号主变第一套保护屏 PRC78CH-50A 内，第二套保护置于3号主变第二套保护屏 PRC78CH-50B 内，3号主变本体保护、220kV 开关失灵保护置于3号主变本体/220kV 开关失灵保护屏 PRC78CH-50C 内，三面屏均位于35继保室内。

三、母线保护

500kV 母线保护均采用 ABB 公司的 REB-103 型保护。220kV 母线保护均采用深圳南瑞的 BP-2B 型保护。220kV 母联充电解列保护采用南端继电的 RCS-923A 型保护。

四、500kV 线路保护

春城 5107 线、华城 5108 线的线路保护采用 ABB 的 RED670 型保护。

绿城 5167 线、水城 5168 线、青城 5169 线及山城 5170 线的线路保护均采用 AREVA 的 P546、P443 型保护。

实城 5106 线的线路保护第一套保护采用南瑞继保的 RCS-931DMMV_HD 型保护和 RCS-925A_HD 型远方跳闸就地判别装置，第二套保护采用北京四方的 CSC-103A 型保护和 CSC-125A 型远方跳闸就地判别装置。

五、500kV 开关保护

5081 开关保护采用国电南自的 PSL-632U 型保护，5061 和 5062 开关保护采用南瑞继保的 RCS-921A_HD 型保护。除此之外，500kV 开关保护均采用 ABB 的 REC670 型保护（包括开关失灵保护、重合闸功能）。

六、500kV 开关操作箱

除 5081 开关采用南瑞继保的 CZX-22G 型操作箱外，其他 500kV 开关均采用国电南自的 FCX-22HP 型操作箱。

七、220kV 线路保护

小清 2281 线、小明 2287 线的线路保护采用两套纵联电流差动保护（包括分相电流差动和零序电流差动保护）作为主保护，第一套保护屏配置了 PSL-603GA 型保护、PSL-631C 型开关保护，第二套保护屏配置了 RCS-931A 型线路保护、CZX-12R2 型操作箱。

小泉 2282 线、小烟 2295 线、小溪 2296 线、小月 2288 线的线路保护采用两套纵联电流差动保护（包括分相电流差动和零序电流差动保护）作为主保护，第一套保护屏配置了 CSC-103A 型线路保护、CSC-122A 型开关保护，第二套保护屏配置了 RCS-931A 型线路保护、CZX-12R2 型操作箱。

小云 2286 线的线路保护采用两套纵联电流差动保护作为主保护，第一套保护屏配置 CSC-103A 型线路保护、CSC-122A 型开关保护，第二套保护屏配置 WXH-803A 型线路保护、ZFZ-812/B 型操作箱。

小江 2289 线、小荷 2290 线的线路保护采用高频距离、高频方向作为主保护，图 1-12 为小江 2289 线的阻波器。第一套保护屏配置了 CSC-101A 型线路保护、CSC-122A 型开关保护、LFX-912 型收发

图 1-12　小江 2289 线的阻波器

信机，第二套保护屏配置了 RCS-901A 型线路保护、LFX-912 型收发信机、CZX-12R2 型分相操作箱。

第五节 站 用 电 系 统

一、380V 站用电概述

500kV 小城变电站的站用交流系统为典型设计。站用电共有 3 个电源：1 号站用变接于 35kVⅡ段母线；2 号站用变接于 35kVⅢ段母线；35kV 城变 3639 线引进接入 0 号站用变。另外，还配备了一台柴油发电机，作为所有站用变全部失压后的后备电源。

二、380V 站用电接线

380V 站用电采用单母线分段接线，1 号站用变低压侧开关 1ZK 接于 380VⅠ段母线，2 号站用变低压侧开关 2ZK 接于 380VⅡ段母线，0 号站用变低压侧开关 01ZK、02ZK 分别接于 380VⅠ段母线和 380VⅡ段母线；380VⅠ段母线和 380VⅡ段母线通过 380V 母线分段开关 3ZK 联络。

图 1-13 为小城变电站 380V 站用电接线图，图中的 P1、P6、P7、P8、P11 是屏号。

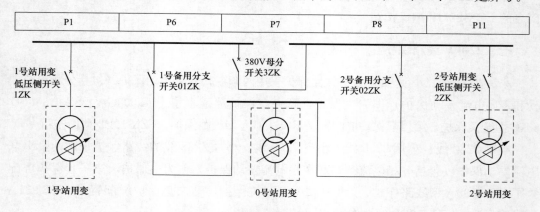

图 1-13　小城变电站站用电接线图

正常运行时，380V 母线分段开关处于热备用状态。

备自投切换开关在"自动"位置，某段 380V 母线正常工作电源消失时，备用电源自动投入装置会自动投入该段母线的备用电源。

对于重要负荷，如直流充电机、6 个继保室、计算机监控系统、通信电源、配电装置交流电源等，均由两段母线供电。

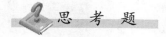　思 考 题

1. 500kV 主变采用单相变压器组有哪些优缺点？

2. 主变低压侧设置总开关有哪些优点？

3. 小城变电站的哪个开关间隔采用 HGIS 设备？

4. 为什么同一种型号的刀闸，其额定电流会有不同的规格？

5. 图 1-7 所示 TR53 型刀闸布置在 500kV 配电装置的什么位置？

6. 小城变电站 220kV 线路的保护配置可分成几类？

7. 小城变电站 380V 站用电系统有几个电源？分别如何引接的？

第二章

220kV 线路故障案例分析

[案例1] 小云2286 线近区 A 相瞬时性接地

一、设备配置及主要定值

1. 小云2286 线一次设备配置

(1) 开关采用 3AP1-FI。

(2) 正母刀闸采用 GW7-252DW，水平断口，单接地。

(3) 副母刀闸采用 GW10-252W，垂直断口。

(4) 线路刀闸采用 GW7-252ⅡDW，水平断口，双接地。

2. 小云2286 线二次设备配置

(1) 第一套保护屏采用北京四方的 GCSC103A-109 线路保护屏，配置 CSC-103A 型线路保护和 CSC-122A 型开关保护。

(2) 第二套保护屏采用许继电气的 GXH803A-111 线路保护屏，配置 WXH-803A/P 型线路保护和 ZFZ-812/B 型分相操作箱。

3. 主要定值及其说明

(1) 小云2286 线全长为 41.963km。

(2) 线路 TA 变比为 1600A/1A。

(3) CSC-103A 型线路保护分相差动高定值 $0.38I_N$，分相差动低定值 $0.3I_N$。

(4) WXH-803A 型线路保护差动动作电流定值为 $0.38I_N$。

(5) 正常运行时，CSC-103A 型线路保护重合闸置单重方式。

(6) 正常运行时，WXH-803A 型线路保护重合闸置单重方式，重合闸出口压板置停用位置。本保护动作启动 CSC-122A 型开关保护重合闸。

二、前置要点分析

1. ZFZ-812/B 型分相操作箱电压切换回路

该型操作箱的电压回路采用中间继电器自动切换。在倒换母线过程中，要防止反充电。如果 1YQJ1～1YQJ9、2YQJ1～2YQJ9 同时处于励磁状态，则通过 1YQJ7 与

2YQJ7 的一对动合触点串联，可以及时发出切换继电器同时动作信号，此时运维人员不能断开母线开关，以防止反充电。

2. 3AP1-FI 型开关储能

3AP1-FI 型开关是一种采用 SF₆ 气体作为绝缘和灭弧介质的自能式高压开关，三相户外式设计。该开关每相使用一套机械操动机构，适用于单相与三相重合闸。

图 2-1 为 3AP1-FI 型开关全貌，图 2-3 为该型开关操动机构。在图 2-2 中，左侧为合闸弹簧，右侧为分闸弹簧，均处于储能状态。该操动机构合闸时间为 58±8ms，分闸时间为 37±4ms，合分时间为 60±10ms。在开关合闸位置，分闸弹簧和合闸弹簧处于储能状态，开关可执行分-合-分操作。合闸操作后，合闸弹簧在 15s 之内再一次被完全储能，出厂实测储能时间为 9s 左右。

图 2-1　3AP1-FI 型开关

图 2-2　开关操动机构

三、事故前运行工况

雷雨，气温 22℃。全站处于正常运行方式，设备健康状况良好，未进行过检修。

四、主要事故现象

1. 后台监控现象

(1) 监控系统事故音响、预告音响响。

(2) 在小云 2286 线分画面上，小云 2286 开关 A 相红灯闪光。

(3) 在相关间隔的光字窗中，有光字牌被点亮。

小云 2286 线光字窗点亮的光字牌：

1) 单元事故总信号；

2）第一组出口跳闸；

3）第二组出口跳闸；

4）第一组控制回路断线；

5）第二组控制回路断线；

6）操作箱事故跳闸信号；

7）WXH-803A 保护动作；

8）WXH-803A 保护重合闸；

9）CSC-103A 保护动作；

10）CSC-122A 重合闸动作；

11）开关弹簧未储能。

220kV 正母Ⅰ段光字窗点亮的光字牌：

1）220kV 正母Ⅰ段 TV 失压；

2）220kV 第一套母差保护 TV 断线/复合电压闭锁开放；

3）220kV 第一套母差保护开入变位/异常；

4）220kV 第二套母差保护 TV 断线/复合电压闭锁开放；

5）220kV 第二套母差保护开入变位/异常；

6）220kV 1 号故障录波器启动；

7）220kV 2 号故障录波器启动。

220kV 副母Ⅰ段光字窗点亮的光字牌：

220kV 副母Ⅰ段 TV 失压。

220kV 正母Ⅱ段光字窗点亮的光字牌：

220kV 正母Ⅱ段 TV 失压。

220kV 副母Ⅱ段光字窗点亮的光字牌：

220kV 副母Ⅱ段 TV 失压。

500kV 公用测控 1 光字窗点亮的光字牌：

1）500kV 母线故障录波器启动；

2）500kV 1 号故障录波器启动；

3）500kV 2 号故障录波器启动。

500kV 公用测控 2 光字窗点亮的光字牌：

1）500kV 3 号故障录波器启动；

2）500kV 4 号故障录波器启动。

35kV 公用测控光字窗点亮的光字牌：

主变故障录波器启动。

小荷 2290 线光字窗点亮的光字牌：

1）第一套高频保护收发信机动作；

2）第二套高频保护收发信机动作。

小江 2289 线光字窗点亮的光字牌：

同小荷 2290 线。

2．一次设备现场动作情况

小云 2286 开关三相在合闸位置。

3．保护动作情况

（1）在小云 2286 线第一套保护屏上，线路保护 CSC-103A 面板上跳 A 红灯亮，自保持。

装置液晶界面上主要保护动作信息有：

- 保护启动
- 阻抗元件启动
- 零序辅助启动
- A 相分相差动出口
- A 相零序差动出口
- Ⅰ段阻抗出口
- 测距〔数值（数值小于距离Ⅰ段保护整定值）〕
- 三相差动电流
- 三相制动电流

（2）在小云 2286 线第一套保护屏上，开关保护 CSC-122A 面板上重合闸红灯亮，自保持。

装置液晶界面上主要保护动作信息有：

- 保护启动
- 重合出口
- 单相跳闸启动重合
- A 相电流启动失灵

（3）在小云 2286 线第二套保护屏上，线路保护 WXH-803A 面板上跳 A、重合红灯亮，自保持。

装置液晶界面上主要保护动作信息有：

- A 相分相故障分量差动动作
- A 相零序电流差动动作
- A 相接地距离Ⅰ段动作
- 重合闸动作

（4）在小云 2286 线第二套保护屏上，操作箱 ZFZ-812/B 面板上 A 相跳闸Ⅰ、A 相跳闸Ⅱ、重合闸动作指示灯亮。

4．故障录波器动作情况

220kV 1 号故障录波器嵌入式录波单元录波指示灯亮，有录波文件。

五、主要处理步骤

（1）记录时间，消除音响。

（2）在故障后 5min 内，值长将收集的开关跳闸、重合闸动作等情况简要汇报调度。

（3）记录光字牌并核对正确后复归。

（4）根据所跳开关及监控后台信号等，初步判断故障范围。

（5）派一组运维人员到一次设备现场实地检查小云 2286 开关的实际位置及外观、SF₆ 气体压力、弹簧机构储能情况等，并检查站内小云 2286 线路保护范围内其他设备。

（6）派另一组运维人员到二次设备现场检查保护动作情况，记录保护动作信号并核对正确后复归各保护及其信号，打印故障录波并分析。

（7）根据保护动作信号及现场一次设备检查情况，判断为小云 2286 线近区 A 相瞬时性接地，主保护、后备保护动作，重合闸动作成功。

（8）在故障后 15min 内，值长将故障详情汇报调度及站部管理人员。

（9）做好记录，上报缺陷等。

六、补充说明

如果是远区故障，其与近区故障的主要区别是第一套保护Ⅰ段阻抗、第二套保护接地距离Ⅰ段不会出口。

［案例2］　小云 2286 线控制电源消失时单相接地

一、设备配置及主要定值

1. 小云 2286 线一次设备配置

（1）开关采用 3AP1-FI。

（2）正母刀闸采用 GW7-252DW，水平断口，单接地。

（3）副母刀闸采用 GW10-252W，垂直断口。

（4）线路刀闸采用 GW7-252ⅡDW，水平断口，双接地。

2. 小云 2286 线二次设备配置

（1）第一套保护屏采用北京四方的 GCSC103A-109 线路保护屏，配置 CSC-103A 型线路保护和 CSC-122A 型开关保护。

（2）第二套保护屏采用许继电气的 GXH803A-111 线路保护屏，配置 WXH-803A/P 型线路保护和 ZFZ-812/B 型分相操作箱。

3. 主要定值及其说明

（1）小云 2286 线全长 41.963km。

（2）开关保护 CSC-122A 程序版本为 V1.02。

（3）开关保护 CSC-122A 中的充电保护、三相不一致保护均停用。

（4）开关保护 CSC-122A 中的失灵投跳，重合闸置单重方式。

（5）开关保护 CSC-122A 的失灵启动电流定值为 0.5A，TA 变比为 1600A/1A。

二、前置要点分析

1. "交流电压消失"光字信号逻辑

小云 2286 线采用 ZFZ-812/B 型分相操作箱,其"交流电压消失"光字信号产生逻辑如图 2-3 所示。

图 2-3 "交流电压消失"光字信号逻辑

当开关处于运行状态时,开关的动合辅助触点 S1LA、S1LB、S1LC 闭合,若此时 1YQJ7、2YQJ7 动断触点因故返回(闭合),则发出"交流电压消失"光字信号。

图 2-4 是 1YQJ7、2YQJ7 线圈所在的回路。从图中可以发现,1YQJ7、2YQJ7 的线圈是否激励受母线刀闸辅助触点的控制。因 7QD1、7QD13 分别接到小云 2286 开关分相操作箱电压切换回路中直流电源小开关 7DK 的两个下桩头,所以 1YQJ7~9、2YQJ7~9 同时还受控制电源小开关 7DK 的控制。

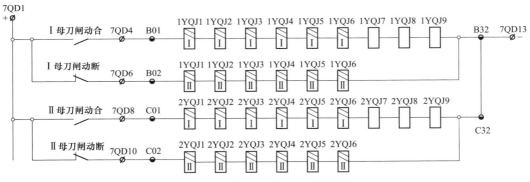

图 2-4 1YQJ7、2YQJ7 线圈回路

图 2-5 是 7DK 电源引接方式图。7DK 的上桩头分别接自开关第一组控制电源 4DK1 的两个上桩头,因此若 4DK1 跳闸,是不会报"交流电压消失"信号的。

关于"交流电压消失"光字,还需要注意两点:

(1)当"交流电压消失"光字报警时,保护装置上的交流电压不一定会消失,其原因在于实际交流电压的引入一般采用磁保持继电器。如果只是刀闸辅助触点接触不良或直流电压消失,1YQJ~6YQJ 将自保持,运行状态并不会改变。

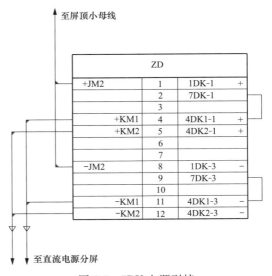

图 2-5 7DK 电源引接

（2）如果操作箱的型号不同，那么它们的"交流电压消失"的具体逻辑可能会有差异。

2. 失灵启动触点联系图

CSC-122A 型开关保护包括综合重合闸、失灵启动、三相不一致保护、充电保护等功能。本站停用其中的充电保护、三相不一致保护。CSC-122A 型保护的面板如图 2-6 所示。

图 2-6　CSC-122A 保护面板

如图 2-7 所示，开关保护 CSC-122A 的 A 相、B 相、C 相失灵启动母差接点和来自操作箱 ZFZ-812/B 的三相失灵启动母差接点合并后，经压板 3LP4 由 3D32 端子接至第一套母差启动失灵正端，即 67 端子。压板 3LP4 的全称是"小云 2286 开关失灵启动 220kV 第一套母差保护公共端压板 3LP4"。

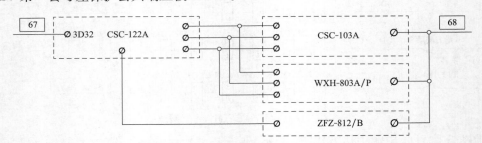

图 2-7　失灵启动接点联系图

小云 2286 开关失灵启动 220kV 第二套母差回路类似。

三、事故前运行工况

雷雨，气温 22℃。全站处于正常运行方式，设备健康状况良好，未进行过检修。

四、主要事故现象

1. 后台监控现象

（1）监控系统事故音响、预告音响响。

（2）在主接线及间隔监控分画面上，事故涉及开关的状态发生变化。

1）在 220kV 1 号母联分画面上，220kV 1 号母联 2611 开关三相跳闸，绿灯闪光；

2）在 220kV 副母分段分画面上，220kV 副母分段 2622 开关三相跳闸，绿灯闪光；

3）在 220kV 副母分段分画面上，2 号主变 2602 开关三相跳闸，绿灯闪光；

4）在小泉 2282 线分画面上，小泉 2282 开关三相跳闸，绿灯闪光；

5）在小月 2288 线分画面上，小月 2288 开关三相跳闸，绿灯闪光。

（3）潮流发生变化。

1）220kV 副母 I 段电压、频率为零；

2）小云 2286 线、小泉 2282 线、小月 2288 线潮流、电压为零。

（4）在相关间隔的光字窗中，有光字牌被点亮。

小云 2286 线光字窗点亮的光字牌：

1）第一组控制回路断线；

2）第二组控制回路断线；

3）第一组控制电源故障；

4）第二组控制电源故障；

5）WXH-803A 保护动作；

6）CSC-103A 保护动作。

小泉 2282 线光字窗点亮的光字牌：

1）单元事故总信号；

2）第一组出口跳闸；

3）第二组出口跳闸；

4）第一组控制回路断线；

5）第二组控制回路断线；

6）操作箱事故跳闸信号。

小月 2288 线光字窗点亮的光字牌：

同小泉 2282 线。

220kV 1 号母联 2611 开关光字窗点亮的光字牌：

同小泉 2282 线。

220kV 副母分段 2622 开关光字窗点亮的光字牌：

同小泉 2282 线。

2 号主变 2602 开关光字窗点亮的光字牌：

1）单元事故总信号；

2）第一组出口跳闸；

3）第二组出口跳闸；

4）第一组控制回路断线；

5）第二组控制回路断线。

220kV 正母 I 段光字窗点亮的光字牌：

1）220kV 正母 I 段 TV 失压；

2）220kV 第一套母差保护动作；

3）220kV 第一套母差保护开入变位/异常；

4）220kV 第一套母差保护 TV 断线/复合电压闭锁开放；

5）220kV 第二套母差保护动作；

6）220kV 第二套母差保护开入变位/异常；

7）220kV 第二套母差保护 TV 断线/复合电压闭锁开放；

8）220kV 1 号故障录波器启动；

9）220kV 2 号故障录波器启动。

220kV 副母Ⅰ段光字窗点亮的光字牌：

220kV 副母Ⅰ段 TV 失压。

220kV 正母Ⅱ段光字窗点亮的光字牌：

220kV 正母Ⅱ段 TV 失压。

220kV 副母Ⅱ段光字窗点亮的光字牌：

220kV 副母Ⅱ段 TV 失压。

500kV 公用测控 1 光字窗点亮的光字牌：

1）500kV 母线故障录波器启动；

2）500kV 1 号故障录波器启动；

3）500kV 2 号故障录波器启动。

500kV 公用测控 2 光字窗点亮的光字牌：

1）500kV 3 号故障录波器启动；

2）500kV 4 号故障录波器启动。

35kV 公用测控光字窗点亮的光字牌：

主变故障录波器启动。

小荷 2290 线光字窗点亮的光字牌：

1）第一套高频保护收发信机动作；

2）第二套高频保护收发信机动作。

小江 2289 线光字窗点亮的光字牌：

同小荷 2290 线。

2. 一次设备现场设备动作情况

（1）220kV 1 号母联 2611 开关三相均处于分闸位置。

（2）220kV 副母分段 2622 开关三相均处于分闸位置。

（3）2 号主变 2602 开关三相均处于分闸位置。

（4）小泉 2282 开关三相均处于分闸位置。

（5）小月 2288 开关三相均处于分闸位置。

（6）小云 2286 开关三相在合闸位置。

3. 保护动作情况

（1）在小云 2286 线第一套保护屏，线路保护 CSC-103A 面板上跳 A、跳 B、跳 C

红灯亮，自保持。

装置液晶界面上主要保护动作信息有：

- 保护启动
- 阻抗元件启动
- 零序辅助启动
- A 相分相差动出口
- A 相零序差动出口
- Ⅰ段阻抗出口
- 测距〔数值（数值小于距离Ⅰ段保护整定值）〕
- 三相差动电流
- 三相制动电流

（2）在小云 2286 线第一套保护屏，开关保护 CSC-122A 面板上充电灯灭，运行灯闪烁。

装置液晶界面上主要保护动作信息有：

- A 相电流失灵启动
- 三跳闭锁重合闸

（3）在小云 2286 线第二套保护屏，线路保护 WXH-803A 面板上跳 A、跳 B、跳 C 红灯亮、重合允许绿灯灭，自保持。

装置液晶界面上主要保护动作信息有：

- 〔时间〕
- A 相分相故障分量差动动作
- A 相零序电流差动动作
- 接地距离Ⅰ段动作

（4）在小云 2286 线第二套保护屏，操作箱 ZFZ-812/B 面板上：

1）A 相合闸位置Ⅰ、B 相合闸位置Ⅰ、C 相合闸位置Ⅰ指示灯灭；

2）A 相合闸位置Ⅱ、B 相合闸位置Ⅱ、C 相合闸位置Ⅱ指示灯灭；

3）电源监视Ⅰ、电源监视Ⅱ、Ⅰ组-Ⅱ母电压、Ⅱ组-Ⅱ母电压指示灯灭。

（5）在小云 2286 线第二套保护屏屏后，小云 2286 开关第一组控制电源小开关 4DK1、小云 2286 开关第二组控制电源小开关 4DK2 跳开。

（6）在 220kV 正、副母Ⅰ段第一套母差保护屏，母线保护 BP-2B 面板上左侧失灵动作Ⅱ灯亮，右侧失灵动作、开入变位、TV 断线红灯亮。

装置液晶界面上主要保护动作信息有：

- 在模拟主接线图上，220kV 1 号母联 2611 开关、220kV 副母分段 2621 开关均在分位
- 220kV 副母Ⅰ段母差动作
- 220kV 失灵保护出口跳闸

（7）220kV 正、副母Ⅰ段第二套母差保护屏保护动作情况同第一套。

（8）在小泉2282线第二套保护屏的操作箱CZX-12R2面板上：

1）第一组跳闸回路A相、B相、C相监视灯OP灭；

2）第二组跳闸回路A相、B相、C相监视灯OP灭；

3）第一组跳闸回路跳A相、B相、C相指示灯TA、TB、TC亮；

4）第二组跳闸回路跳A相、B相、C相指示灯TA、TB、TC亮。

（9）在小月2288线第二套保护屏，CZX-12R2现象同小泉2282线。

（10）在1号母联/正母分段保护屏，220kV 1号母联开关CZX-12R2现象同小泉2282线。

（11）在2号母联/副母分段保护屏，220kV副母分段开关CZX-12R2现象同小泉2282线。

（12）在2号主变220kV侧测控屏，操作箱PST-1212面板上：

1）合闸位置Ⅰ、合闸位置Ⅱ指示灯灭；

2）跳闸位置指示灯亮；

3）Ⅰ跳闸启动、Ⅱ跳闸启动指示灯亮；

4）保护1跳闸、保护2跳闸指示灯亮。

4. 故障录波器动作情况

220kV 1号故障录波器嵌入式录波单元录波指示灯亮，有录波文件。

五、主要处理步骤

（1）记录时间，消除音响。

（2）在故障后5min内，值长将收集到的开关跳闸等情况简要汇报调度。

（3）记录光字牌并核对正确后复归。

（4）根据所跳开关及监控后台信号等，初步判断故障范围。

（5）派一组运维人员到一次设备现场实地检查：

1）检查220kV 1号母联2611开关、220kV副母分段2622开关、2号主变2602开关、小泉2282开关、小月2288开关、小云2286开关的实际位置及外观、SF$_6$气体压力、弹簧机构储能情况等；

2）检查小云2286线路保护范围内及220kV副母Ⅰ段母差保护范围内其他设备。

（6）派另一组运维人员到二次设备现场检查保护动作情况，记录保护动作信号并核对正确后复归各保护及其信号，打印故障录波并分析。

（7）根据保护动作信号及现场一次设备检查情况，判断为在小云2286线第一组、第二组控制电源故障情况下，小云2286线A相发生近区接地故障。小云2286线主保护、后备保护动作，开关拒动，失灵保护动作，启动220kV副母Ⅰ段母差保护跳开220kV 1号母联2611开关、220kV副母分段2622开关和220kV副母Ⅰ段上所有开关。

（8）在故障后 15min 内，值长将故障详情汇报调度及站部管理人员。

（9）隔离故障点及处理：

1）试合小云 2286 开关第一组控制电源小开关 4DK1、小云 2286 开关第二组控制电源小开关 4DK2，再次跳开。

2）小云 2286 开关从运行改为冷备用（开关在合位，用两侧刀闸隔离，考虑解锁）。

3）恢复 220kV 副母Ⅰ段正常运行（由 1 号母联充 220kV 副母Ⅰ段，正常后恢复 2 号主变 2602 开关、小泉 2282 开关、小月 2288 开关、220kV 副母分段 2622 开关运行）。

4）小云 2286 开关从冷备用改为线路检修（线路对侧试送失败时）。

（10）做好记录，上报缺陷等。

六、补充说明

开关控制电源故障直接导致开关拒动时，220kV 线路故障将由失灵保护启动 220kV 母差保护，切除故障。

[案例 3]　小江 2289 线近区 AB 相间短路

一、设备配置及主要定值

1. 小江 2289 线一次设备配置

（1）开关采用 3AP1-FI。

（2）正母刀闸采用 DR21-MM25，水平断口，单接地。

（3）副母刀闸采用 PR20-M31，垂直断口。

（4）线路刀闸采用 DR22-MM25，水平断口，双接地。

2. 小江 2289 线二次设备配置

（1）第一套保护屏采用北京四方的 GCSC101-109S 线路保护屏，配置 CSC-101A 型线路保护、CSC-122A 型开关保护以及南瑞的 LFX-912 型收发信机。

（2）第二套保护屏采用南瑞继保的 PRC01-22Z 线路保护屏，配置 RCS-901A 型线路保护、LFX-912 型收发信机、CZX-12R2 型分相操作箱。

3. 主要定值及其说明

（1）小江 2289 线全长 29.289km。

（2）CSC-101A 型保护的程序版本为 V1.20ZX，CSC-122A 型保护的程序版本为 V1.20ZX，RCS-901A 型保护的程序版本为 V2.10X。

二、前置要点分析

1. RCS-901A 故障测量程序中闭锁式纵联保护逻辑（见图 2-8）

（1）启动元件动作即进入故障程序，收发信机即被启动发闭锁信号。

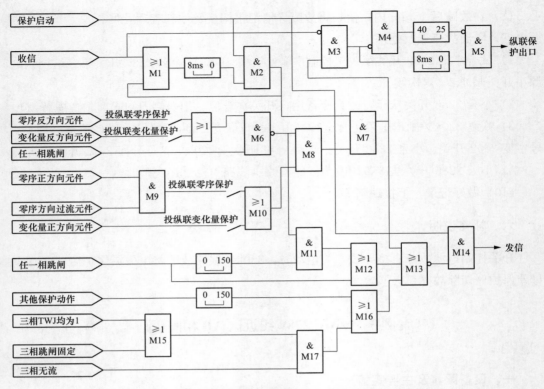

图 2-8　RCS-901A 故障测量程序中闭锁式纵联保护逻辑

（2）反方向元件动作时立即闭锁正方向元件的停信回路，即方向元件中反方向元件动作优先，这样有利于防止故障功率倒方向时误动作。

（3）启动元件动作后，收信 8ms 后才允许正方向元件投入工作，反方向元件不动作。纵联变化量元件或纵联零序元件任一动作时，停止发信。

（4）当本装置其他保护（如工频变化量阻抗、零序延时段、距离保护）动作，或外部保护（如母线差动保护）动作跳闸时，立即停止发信，并在跳闸信号返回后，停信展宽 150ms，但在展宽期间若反方向元件动作，立即返回，继续发信。

（5）三相跳闸固定回路动作或三相跳闸位置继电器均动作且无流时，始终停止发信。

（6）区内故障时，正方向元件动作而反方向元件不动作，两侧均停信，经 8ms 延时纵联保护出口。

2．LFX-912 型收发信机通道测试

LFX-912 型收发信机以输电线为通道媒质，可远距离传送闭锁高频信号，构成高频闭锁式保护，其外观如图 2-9 所示。

收发信机所接的通道，应每天定期进行通道测试，并按要求进行记录。当在本侧进行通道测试时：

在 0～200ms 期间为本侧收发信机启动发信，正常时接口插件上的"起信""收信"灯及收信插件"收信启动"灯亮，收信裕度正常。

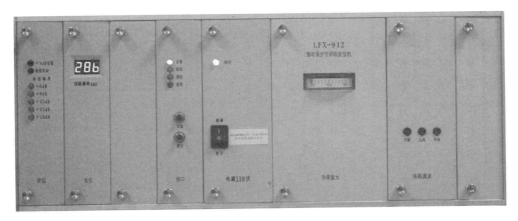

图 2-9　LFX-912 型收发信机

在 200ms～5s 期间为收对侧信号，正常时功率放大器上的指示表计能反映一定的收信数值，同时收信插件"收信启动"灯亮，收信裕度正常，3dB 告警灯不亮。如 3dB 告警灯亮，收信裕度低于正常值，说明通道有问题，此时应将高频保护改为信号，进行检查处理。

在 5～10s 期间为两侧发信，功率放大器上的指示表计指针晃动，指示两侧收信信号。

在 10～15s 期间为本侧发信，正常时功率放大器上的指示表计指针能反映一定的发信数值（比收信数值大），同时收信插件"收信启动"灯亮，收信裕度正常。如发信数值偏低，说明装置有问题，应将高频保护改为信号，进行检查处理。

三、事故前运行工况

雷雨，气温 22℃。全站处于正常运行方式，设备健康状况良好，未进行过检修。

四、主要事故现象

1. 后台监控现象

（1）监控系统事故音响、预告音响响。

（2）在小江 2289 线分画面上，小江 2289 开关三相跳闸，绿灯闪光。

（3）潮流发生变化：小江 2289 线潮流为零、电压为零。

（4）在相关间隔的光字窗中，有光字牌被点亮。

小江 2289 线光字窗点亮的光字牌：

1）单元事故总信号；

2）第一组出口跳闸；

3）第二组出口跳闸；

4）第一组控制回路断线；

5）第二组控制回路断线；

6）RCS-901A 保护动作；

7）CSC-101A 保护动作；

8）操作箱事故跳闸信号；

9）第一套高频保护收发信机动作；

10）第二套高频保护收发信机动作。

小荷 2290 线光字窗点亮的光字牌：

1）第一套高频保护收发信机动作；

2）第二套高频保护收发信机动作。

220kV 正母Ⅰ段光字窗点亮的光字牌：

1）220kV 正母Ⅰ段 TV 失压；

2）220kV 第一套母差保护 TV 断线/复合电压闭锁开放；

3）220kV 第一套母差保护开入变位/异常；

4）220kV 第二套母差保护 TV 断线/复合电压闭锁开放；

5）220kV 第二套母差保护开入变位/异常；

6）220kV 1 号故障录波器启动；

7）220kV 2 号故障录波器启动。

220kV 副母Ⅰ段光字窗点亮的光字牌：

220kV 副母Ⅰ段 TV 失压。

220kV 正母Ⅱ段光字窗点亮的光字牌：

220kV 正母Ⅱ段 TV 失压。

220kV 副母Ⅱ段光字窗点亮的光字牌：

220kV 副母Ⅱ段 TV 失压。

500kV 公用测控 1 光字窗点亮的光字牌：

1）500kV 母线故障录波器启动；

2）500kV 1 号故障录波器启动；

3）500kV 2 号故障录波器启动。

500kV 公用测控 2 光字窗点亮的光字牌：

1）500kV 3 号故障录波器启动；

2）500kV 4 号故障录波器启动。

35kV 公用测控光字窗点亮的光字牌：

主变故障录波器启动。

2．一次现场设备动作情况

小江 2289 开关三相均处于分闸位置。

3．保护动作情况

（1）在小江 2289 线第一套保护屏，线路保护 CSC-101A 面板上跳 A、跳 B、跳 C
红灯亮，自保持。

装置液晶界面上主要保护动作信息有：

- 保护启动
- 阻抗元件启动
- Ⅰ段阻抗出口
- 纵联保护出口
- 测距［数值（数值小于距离Ⅰ段保护整定值）］

（2）在小江 2289 线第一套保护屏，收发信机 LFX-912 面板上正常、起信、收信灯亮。

（3）在小江 2289 线第一套保护屏，开关保护 CSC-122A 面板上充电绿灯灭。

装置液晶界面上主要保护动作信息有：

- 三跳闭锁重合闸
- A 相跳位开入
- B 相跳位开入
- C 相跳位开入

（4）在小江 2289 线第二套保护屏，线路保护 RCS-901A 面板上跳 A、跳 B、跳 C 红灯亮，自保持。

装置液晶界面上主要保护动作信息有：

- ［动作序号］［日期］
- ［启动绝对时间］
- 工频变化量
- ABC［动作相对时间］
- 高频变化量方向
- ABC［动作相对时间］
- 快速距离Ⅰ段
- ABC［动作相对时间］
- 故障测距［数值（数值小于距离Ⅰ段保护整定值）］

（5）在小江 2289 线第二套保护屏，收发信机 LFX-912 面板上正常、起信、收信灯亮。

（6）在小江 2289 线第二套保护屏，操作箱 CZX-12R2 面板上：

1）第一组跳闸回路 A 相、B 相、C 相监视灯 OP 灭；

2）第二组跳闸回路 A 相、B 相、C 相监视灯 OP 灭；

3）第一组跳闸回路跳 A 相、B 相、C 相指示灯 TA、TB、TC 亮；

4）第二组跳闸回路跳 A 相、B 相、C 相指示灯 TA、TB、TC 亮。

4. 故障录波器动作情况

220kV 2 号故障录波器嵌入式录波单元录波指示灯亮，有录波文件。

五、主要处理步骤

（1）记录时间，消除音响。

（2）在故障后 5min 内，值长将收集的开关跳闸等情况简要汇报调度。

（3）记录光字牌并核对正确后复归。

（4）根据所跳开关及监控后台信号等，初步判断故障范围。

（5）派一组运维人员到一次设备现场，实地检查小江 2289 开关的实际位置及外观、SF_6 气体压力、弹簧机构储能等情况，并检查小江 2289 线保护范围内其他设备。

（6）派另一组运维人员到二次设备现场检查保护动作情况，记录保护动作信号并核对正确后复归各保护及其信号，打印故障录波并分析。

（7）根据保护动作信号及现场一次设备检查情况，判断为小江 2289 线近区 AB 相间短路故障，第一套高频保护、第二套高频保护动作、距离Ⅰ段保护动作跳三相开关。

（8）在故障后 15min 内，值长将故障详情汇报调度及站部管理人员。

（9）隔离故障点及处理：

1）小江 2289 线从热备用改为冷备用；

2）小江 2289 线从冷备用改为线路检修。

（10）做好记录，上报缺陷等。

六、补充说明

若调度要求强送，则先进行强送。若强送失败，再把线路改检修。

［案例 4］　小江 2289 线 B 相瞬时性接地时开关保护故障

一、设备配置及主要定值

1. 小江 2289 线一次设备配置

（1）开关采用 3AP1-FI。

（2）正母刀闸采用 DR21-MM25，水平断口，单接地。

（3）副母刀闸采用 PR20-M31，垂直断口。

（4）线路刀闸采用 DR22-MM25，水平断口，双接地。

2. 小江 2289 线二次设备配置

（1）第一套保护屏采用北京四方的 GCSC101-109S 线路保护屏，配置 CSC-101A 型线路保护、CSC-122A 型开关保护以及 LFX-912 型收发信机。

（2）第二套保护屏采用南瑞继电的 PRC01-22Z 线路保护屏，配置 RCS-901A 型线路保护、LFX-912 型收发信机、CZX-12R2 型分相操作箱。

3. 主要定值及其说明

（1）CSC-122A 型保护版本为 V1.20ZX，重合闸置单重方式。

（2）CSC-122A 型保护中的充电保护、三相不一致保护均停用，失灵投跳闸。

（3）开关本体的三相不一致保护的整定值为 2.5s。

二、前置要点分析

1. CSC-122A 严重告警信号

装置的告警分为告警Ⅰ和告警Ⅱ，告警Ⅰ为严重告警。有告警Ⅰ时，装置面板告警灯闪亮；有告警Ⅱ时，装置面板告警灯常亮。

属于告警Ⅰ的告警报文有：模拟量采集错、装置参数错、ROM 和校验错、定值错、定值区指针错、开出不响应、开出击穿、压板模式未确认、软压板错、系统配置错、开出配置错、开出 EEPROM 出错。

对 CSC-122A 来说，当发生告警Ⅰ时，装置将闭锁保护出口电源，其对保护装置的影响效果与装置失电类似，即会有沟通三跳接点（动断）输出至保护。

2. 开关三相不一致动作逻辑及复归按钮 S4

如图 2-10 所示，当开关保护装置失电时，按现行规定，要求由开关本体三相不一致保护实现三相跳闸。如图 2-11 所示，开关本体三相不一致保护的启动回路由辅助开关并联的三相动断触点与并联的三相动合触点串联后串接时间继电器组成，K16 一般整定为 2.5s。

图 2-10 3AP1-FI 开关中控箱

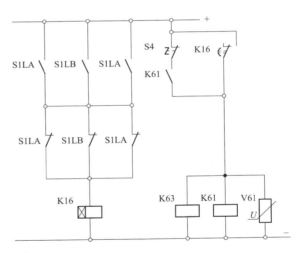

图 2-11 开关本体三相不一致启动回路

开关三相不一致保护动作后将通过 K61（第一组强制三跳）、K63（第二组强制三跳）动合触点进行自保持。只有按复归按钮 S4（见图 2-12）解除该自保持，开关才能重新正常合闸。

三、事故前运行工况

雷雨，气温 22℃。全站处于正常运行方式，设备健康状况良好，未进行过检修。

图 2-12 复归按钮 S4

四、主要事故现象

1. 后台监控现象

（1）监控系统事故音响、预告音响响。

（2）在小江2289线分画面上，小江2289开关三相跳闸，绿灯闪光。

（3）潮流发生变化：小江2289线潮流为零。

（4）在相关间隔的光字窗中，有光字牌被点亮。

小江2289线光字窗点亮的光字牌：

1）单元事故总信号；

2）第一组出口跳闸；

3）第二组出口跳闸；

4）第一组控制回路断线；

5）第二组控制回路断线；

6）开关三相不一致动作；

7）开关三相位置不一致；

8）CSC-122A装置告警；

9）RCS-901A保护动作；

10）RCS-901A保护重合闸；

11）CSC-101A保护动作；

12）操作箱事故跳闸信号；

13）第一套高频保护收发信机动作；

14）第二套高频保护收发信机动作。

小荷2290线光字窗点亮的光字牌：

1）第一套高频保护收发信机动作；

2）第二套高频保护收发信机动作。

220kV正母Ⅰ段光字窗点亮的光字牌：

1）220kV正母Ⅰ段TV失压；

2）220kV 1号故障录波器动作；

3）220kV 2号故障录波器动作。

220kV副母Ⅰ段光字窗点亮的光字牌：

220kV副母Ⅰ段TV失压。

220kV正母Ⅱ段光字窗点亮的光字牌：

220kV正母Ⅱ段TV失压。

220kV副母Ⅱ段光字窗点亮的光字牌：

220kV副母Ⅱ段TV失压。

500kV公用测控1光字窗点亮的光字牌：

1）500kV 母线故障录波器启动；

2）500kV 1 号故障录波器启动；

3）500kV 2 号故障录波器启动。

500kV 公用测控 2 光字窗点亮的光字牌：

1）500kV 3 号故障录波器启动；

2）500kV 4 号故障录波器启动。

35kV 公用测控光字窗点亮的光字牌：

主变故障录波器启动。

2．一次设备现场设备动作情况

（1）小江 2289 开关三相均处于分闸位置。

（2）小江 2289 开关中控柜内三相不一致强跳分闸 1 中间继电器 K61、三相不一致强跳分闸 2 中间继电器 K63 动作。

3．保护动作情况

（1）在小江 2289 线第一套保护屏，线路保护 CSC-101A 面板上跳 B 红灯亮，自保持。

装置液晶界面上主要保护动作信息有：

- 保护启动
- 阻抗元件启动
- 零序辅助启动
- 纵联保护出口
- 测距〔数值〕

（2）在小江 2289 线第一套保护屏，收发信机 LFX-912 面板上正常、起信、收信灯亮。

（3）在小江 2289 线第一套保护屏，开关保护 CSC-122A 面板上充电绿灯灭，告警红灯闪光。

装置液晶界面上主要保护动作信息有：

- 开出不响应

（4）在小江 2289 线第二套保护屏，线路保护 RCS-901A 面板上跳 B、重合闸红灯亮，自保持。

装置液晶界面上主要保护动作信息有：

- 〔动作序号〕〔日期〕
- 〔启动绝对时间〕
- 高频变化量方向
- 〔跳闸相别〕〔动作相对时间〕
- 高频零序方向
- 〔跳闸相别〕〔动作相对时间〕

- 测距〔数值〕

（5）在小江 2289 线第二套保护屏，收发信机 LFX-912 面板上正常、起信、收信灯亮。

（6）在小江 2289 线第二套保护屏，操作箱 CZX-12R2 面板上：

1）第一组跳闸回路 B 相监视灯 OP 灭；

2）第二组跳闸回路 B 相监视灯 OP 灭；

3）第一组跳闸回路跳 B 相指示灯 TB 亮；

4）第二组跳闸回路跳 B 相指示灯 TB 亮。

4. 故障录波器动作情况

220kV 2 号故障录波器嵌入式录波单元录波指示灯亮，有录波文件。

五、主要处理步骤

（1）记录时间，消除音响。

（2）在故障后 5min 内，值长将收集的开关跳闸等情况简要汇报调度。

（3）记录光字牌并核对正确后复归。

（4）根据所跳开关及监控后台信号等，初步判断故障范围。

（5）派一组运维人员到一次设备现场实地检查小江 2289 开关的实际位置及外观、SF₆ 气体压力、弹簧机构储能情况等，并检查站内小江 2289 线保护范围内其他设备。

（6）派另一组运维人员到二次设备现场检查保护动作情况，记录保护动作信号并核对正确后复归各保护及其信号。发现小江 2289 线 CSC-122A 保护装置面板上充电绿灯灭，告警红灯闪光；告警 I 信息：开出不响应。打印故障录波并分析。

（7）根据保护动作信号及现场一次设备检查情况，判断为小江 2289 线 B 相瞬时性接地，小江 2289 线第一、二套线路主保护动作跳开关 B 相。在开关 B 相跳开、故障电流消失后，开关保护 CSC-122A 出现严重故障，重合闸拒动，小江 2289 开关由开关本体的三相不一致保护动作跳开剩余两相。

（8）在故障后 15min 内，值长将故障详情汇报调度及站部管理人员。

（9）隔离故障点及处理：

1）按小江 2289 开关三相不一致强跳复归按钮 S4；

2）小江 2289 线从热备用改为冷备用；

3）小江 2289 线开关保护由跳闸改为信号。

（10）做好记录，上报缺陷等。

六、补充说明

在本例中，要特别注意开关保护 CSC-122A 严重故障的发生时刻是在线路 B 相已跳闸、短路电流已消失的时候。

[案例5] 小明2287线A相近区接地时线路保护拒动

一、小明2287线设备配置及主要定值

1. 一次设备配置

（1）小明2287开关采用3AP1-FI。

（2）正母刀闸采用GW7-252DW，水平断口，单接地。

（3）副母刀闸采用GW10-252W，垂直断口。

（4）线路刀闸采用GW7-252ⅡDW，水平断口，双接地。

2. 二次设备配置

（1）小明2287线第一套线路保护屏采用国电南自的GPSL603GA-102线路保护屏，配置PSL-603GA型线路保护、PSL-631C型开关保护。

（2）小明2287线第二套线路保护屏采用南瑞继保的PRC31A-02Z线路保护屏，配置RCS-931A型线路保护、CZX-12R2型操作箱。

（3）2号主变第一套保护采用RET670型保护，包括第一套大差动保护、第一套零序差动保护、500kV距离保护、过励磁跳闸、过励磁告警、500kV过负荷保护、第一套低压侧过流保护；本体保护包括本体重瓦斯、本体压力释放、油温高（分相配置）及三相联动冷却器全停。

 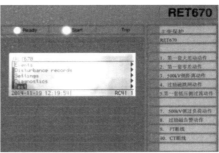

图2-13 RET670型保护面板整体与局部

（4）2号主变第二套保护采用RET670型保护，包括第二套大差动保护、第二套零序差动保护、220kV距离保护、中性点零序电流保护、主变220kV开关失灵保护、第二套低压侧过流保护、主变公共绕组过负荷告警、低压侧中性点电压偏移告警。

（5）3号主变第一套保护采用RCS-978C型保护，包括第一套差动、第一套500kV距离、500kV过负荷、过励磁、220kV距离、公共绕组过负荷、中性点零流、低压侧过流、低压侧电压偏移。

（6）3号主变第二套保护配置同第一套。

3. 主要定值及其说明

（1）小明2287线全长7.713km。

（2）2号主变第一套差动保护中的500kV距离保护正方向指向变压器。500kV距离保护Ⅰ段停用，Ⅱ段动作跳主变各侧。500kV距离Ⅱ段ZM03、ZM04元件的整定值如表2-1所示。

表 2-1　　　　　　2号主变第一套差动保护（RET670 V1.1）整定单（部分）

测量元件		整定值	功能说明
ZM03	X1	82.8Ω	正序电抗
	R1	7.24Ω	正序电阻
	X0	82.8Ω	零序电抗
	R0	7.24Ω	零序电阻
	RFPP	82.8Ω	相间故障电阻
	RFPE	82.8Ω	接地故障电阻
	t	$2.0s^1$，$1.0s^2$	距离Ⅱ段延时
ZM04	X1	8.3Ω	正序电抗
	R1	0.72Ω	正序电阻
	X0	8.3Ω	零序电抗
	R0	0.72Ω	零序电阻
	RFPP	82.8Ω	相间故障电阻
	RFPE	82.8Ω	接地故障电阻
	t	$2.0s^1$，$1.0s^2$	距离Ⅱ段延时

注　500kV距离保护，正方向指向变压器；定值均为一次值；距离保护Ⅰ段停用，Ⅱ段动作跳主变各侧，正常时用定值区1；当500kV母差停用时，将500kV距离保护Ⅱ段时间改为1s，用定值区2。

（3）2号主变第二套差动保护中的220kV距离保护正方向指向变压器。距离保护Ⅰ段停用，Ⅱ段动作跳主变各侧。220kV距离Ⅱ段ZM03、ZM04元件的整定值如表2-2所示。

表 2-2　　　　　　2号主变第二套差动保护（RET670 V1.1）整定单（部分）

测量元件		整定值	功能说明
ZM03	X1	16.5Ω	正序电抗
	R1	1.44Ω	正序电阻
	X0	16.5Ω	零序电抗
	R0	1.4Ω	零序电阻
	RFPP	16.5Ω	相间故障电阻
	RFPE	16.5Ω	接地故障电阻
	t	$2.0s^1$，$1.0s^2$	正向距离段延时
ZM04	X1	1.7Ω	正序电抗
	R1	0.14Ω	正序电阻
	X0	1.7Ω	零序电抗
	R0	0.50Ω	零序电阻
	RFPP	16.5Ω	相间故障电阻
	RFPE	16.5Ω	接地故障电阻
	t	$2.0s^1$，$1.0s^2$	全范围距离段延时

注　220kV距离保护，正方向指向变压器；定值均为一次值；距离保护Ⅰ段停用，Ⅱ段动作跳主变各侧，正常时用定值区1；当220kV母差停用时，将220kV距离保护Ⅱ段时间改为1s，用定值区2。

（4）3号主变第一套差动保护的220kV距离保护正方向指向变压器。220kV接地阻抗Ⅱ段反向定值为5.45Ω，时间定值为2.0s。距离保护Ⅰ段停用，Ⅱ段动作跳主变各侧。

（5）3号主变第二套差动保护定值同第一套。

二、前置要点分析

1. PSL-603GA型保护电源异常光字信号

PSL-603GA型保护经7X5、7X6端子输出一副电源消失告警动断输出触点。有电源时该触点是打开的，当电源消失时该触点闭合输出信号，如图2-14所示。

图2-14　PSL-603GA型保护电源异常信号生成逻辑

2. 3号主变接地阻抗保护

3号主变保护采用南瑞继保的RCS-978C型保护。RCS-978C型保护的Ⅰ侧、Ⅱ侧后备保护各有一个控制字（即接地阻抗指向）来控制接地阻抗Ⅰ段和Ⅱ段的方向指向。当接地阻抗指向的控制字为"1"时，表示方向指向变压器；当接地阻抗指向的控制字为"0"时，表示方向指向母线。

3. 主变冷却装置的供电方式

根据有关规程，强油风（水）冷主变压器的冷却装置，宜按下列方式共同设置可互为备用的双回路电源进线，并只在冷却装置控制箱内自动相互切换。

（1）主变压器为三相变压器时，宜按台分别设置双回路；

（2）主变压器为单相变压器时，宜按组分别设置双回路，各相变压器的用电负荷接在经切换后的进线上。

这里必须注意，每路电源本身也存在自动切换到其备用电源的情况。

三、事故前运行工况

雷雨，气温15℃。全站处于正常运行方式，设备健康状况良好，未进行过检修。

四、主要事故现象

1. 监控后台现象

（1）监控系统事故音响、预告音响响。

（2）在主接线及间隔监控分画面上，事故涉及开关的状态发生变化。

1）在500kV第四串分画面上，2号主变5041开关、2号主变/青城线5042开关三相跳闸，绿灯闪光；

2）在2号主变220kV侧分画面上，2号主变2602开关三相跳闸，绿灯闪光；

3）在 2 号主变 35kV 侧分画面上，2 号主变 3520 开关绿灯闪光；

4）在 500kV 第六串分画面上，3 号主变 5061 开关、3 号主变 5062 开关三相跳闸，绿灯闪光；

5）在 3 号主变 220kV 侧分画面上，3 号主变 2603 开关三相跳闸，绿灯闪光；

6）在 3 号主变 35kV 侧分画面上，3 号主变 3530 开关绿灯闪光；

7）在站用电分画面上，1 号、2 号站用变低压开关跳闸，绿灯闪光；0 号站用变 1 号、2 号备用分支开关备自投动作合闸成功，红灯闪光。

（3）潮流发生变化。

1）所有 220kV 线路、主变潮流均为零；

2）220kV 各段母线电压、频率均为零。

（4）在相关间隔的光字窗中，有光字牌被点亮。

2 号主变 5041 开关光字窗点亮的光字牌：

1）单元事故总信号；

2）2 号主变 500kV 侧电能表主/副表 TV 失压报警。

2 号主变/青城线 5042 开关光字窗点亮的光字牌：

1）单元事故总信号；

2）重合闸装置停用/闭锁。

2 号主变 2602 开关光字窗点亮的光字牌：

1）单元事故总信号；

2）电能表主/副表 TV 失压报警。

2 号主变 3520 开关光字窗点亮的光字牌：

单元事故总信号。

2 号主变光字窗点亮的光字牌：

1）主变保护出口继电器未复归；

2）220kV 侧距离保护动作；

3）380V 电源消失；

4）AC 控制电源故障；

5）电源 I 故障；

6）电源 II 故障；

7）冷却器全停。

3 号主变 5061 开关光字窗点亮的光字牌：

1）单元事故总信号；

2）3 号主变 500kV 侧电能表主/副表 TV 失压报警。

3 号主变 5062 开关光字窗点亮的光字牌：

单元事故总信号。

3 号主变 2603 开关光字窗点亮的光字牌：

单元事故总信号。

3 号主变 3530 开关光字窗点亮的光字牌：

1) 单元事故总信号；

2) 电能表主/副表 TV 失压报警。

3 号主变光字窗点亮的光字牌：

1) 第一套后备保护动作；

2) 第二套后备保护动作；

3) 第一套保护 5061 开关 LOCKOUT 动作；

4) 第二套保护 5061 开关 LOCKOUT 动作；

5) 第一套保护 5062 开关 LOCKOUT 动作；

6) 第二套保护 5062 开关 LOCKOUT 动作；

7) 第一套 RCS-978C 保护装置报警；

8) 第二套 RCS-978C 保护装置报警；

9) 380V 电源消失；

10) AC 控制电源故障；

11) 总控 PLC 电源 I 故障；

12) 总控 PLC 电源 II 故障；

13) A 相分控箱电源故障；

14) B 相分控箱电源故障；

15) C 相分控箱电源故障；

16) A/B/C 三相分控箱 PLC 电源 I 故障；

17) A/B/C 三相分控箱 PLC 电源 II 故障。

小明 2287 线光字窗点亮的光字牌：

1) PSL-603GA 装置电源异常；

2) RCS-931A 装置异常。

小荷 2290 线光字窗点亮的光字牌：

CSC-101A 装置 TV 断线。

小江 2289 线光字窗点亮的光字牌：

CSC-101A 装置 TV 断线。

小青 2281 线光字窗点亮的光字牌：

PSL-603GA 装置 TV 断线。

小泉 2282 线光字窗点亮的光字牌：

CSC-122A 装置 TV 断线。

小溪 2296 线光字窗点亮的光字牌：

CSC-122A 装置 TV 断线。

小烟 2295 线光字窗点亮的光字牌：

CSC-122A 装置 TV 断线。

小月 2288 线光字窗点亮的光字牌：

CSC-122A 装置 TV 断线。

小云 2286 线光字窗点亮的光字牌：

CSC-103A 装置 TV 断线。

35kVⅡ母线光字窗点亮的光字牌：

35kVⅡ母 TV 失压。

35kVⅢ母线光字窗点亮的光字牌：

35kVⅢ母 TV 失压。

0 号站用变 1 光字窗点亮的光字牌：

0 号站用变 1 号备用分支开关备自投动作。

0 号站用变 2 光字窗点亮的光字牌：

0 号站用变 2 号备用分支开关备自投动作。

1 号站用变光字窗点亮的光字牌：

1）单元事故总信号；

2）保护装置告警/呼唤。

2 号站用变光字窗点亮的光字牌：

1）单元事故总信号；

2）保护装置告警/呼唤。

35kV 公用测控光字窗点亮的光字牌：

1）主变故障录波器启动；

2）1 号、2 号、3 号充电机交流失压；

3）0 号、1 号、2 号站用变电能表失压报警。

220kV 正母Ⅰ段光字窗点亮的光字牌：

1）220kV 正母Ⅰ段 TV 失压；

2）220kV 第一套母差保护 TV 断线/复合电压闭锁开放；

3）220kV 第一套母差保护开入变位/异常；

4）220kV 第二套母差保护 TV 断线/复合电压闭锁开放；

5）220kV 第二套母差保护开入变位/异常；

6）220kV 1 号故障录波器动作；

7）220kV 2 号故障录波器动作。

220kV 副母Ⅰ段光字窗点亮的光字牌：

220kV 副母Ⅰ段 TV 失压。

220kV 正母Ⅱ段光字窗点亮的光字牌：

220kV 正母Ⅱ段 TV 失压。

220kV 副母Ⅱ段光字窗点亮的光字牌：

220kV 副母Ⅱ段 TV 失压。

500kV 公用测控 1 光字窗点亮的光字牌：

1）500kV 母线故障录波器启动；

2）500kV 1 号故障录波器启动；

3）500kV 2 号故障录波器启动。

500kV 公用测控 2 光字窗点亮的光字牌：

1）500kV 3 号故障录波器启动；

2）500kV 4 号故障录波器启动。

35kV 公用测控光字窗点亮的光字牌：

主变故障录波器启动。

小荷 2290 线光字窗点亮的光字牌：

1）第一套高频保护收发信机动作；

2）第二套高频保护收发信机动作。

小江 2289 线光字窗点亮的光字牌：

同小荷 2290 线。

2. 一次设备现场设备动作情况

（1）2 号主变 5041 开关三相均处于分闸位置。

（2）2 号主变/青城线 5042 开关三相均处于分闸位置。

（3）2 号主变 2602 开关三相均处于分闸位置。

（4）2 号主变 3520 开关三相均处于分闸位置。

（5）3 号主变 5061 开关三相均处于分闸位置。

（6）3 号主变 5062 开关三相均处于分闸位置。

（7）3 号主变 2603 开关三相均处于分闸位置。

（8）3 号主变 3530 开关三相均处于分闸位置。

（9）所有 220kV 线路开关三相均处于合闸位置。

（10）220kV 1 号母联、220kV 2 号母联开关三相均在合闸位置。

（11）220kV 正母分段、220kV 副母分段开关三相均在合闸位置。

（12）1 号站用变低压开关、2 号站用变低压开关均在分闸位置。

（13）0 号站用变 1 号备用分支开关 01ZK、2 号备用分支开关 02ZK 均在合闸位置。

3. 保护动作情况

（1）0 号站用变 1 号备用分支开关 01ZK、0 号站用变 2 号备用分支开关 02ZK 备自投动作信号继电器掉牌。

（2）在 2 号主变第一套/本体保护屏，保护 RET670 面板上状态指示灯 Ready、Start、Trip 亮，告警指示灯 500kV 侧距离动作亮红色。

装置液晶界面上主要保护动作信息有：

• 500kV 侧 A 相接地距离Ⅱ段保护动作

（3）在 2 号主变第一套/本体保护屏：

1）2 号主变第一套保护跳 500kV 开关 TC1 自保持继电器 RC41.U25.101.113 动作。

2）2 号主变第一套保护跳 500kV 开关 TC2 自保持继电器 RC41.U25.101.313 动作。

3）2 号主变第一套保护跳 220kV 开关自保持继电器 RC41.U25.125.113 动作。

4）2 号主变第一套保护跳 35kV 开关自保持继电器 RC41.U25.125.313 动作。

（4）在 2 号主变第二套保护屏，保护 RET670 面板上状态指示灯 Ready、Start、Trip 亮，告警指示灯 220kV 侧距离动作亮。

装置液晶界面上主要保护动作信息有：

- 220kV 侧 A 相接地距离 II 段保护动作

（5）在 2 号主变第二套保护屏：

1）2 号主变第二套保护跳 500kV 开关 TC2 自保持继电器 RC42.U21.101.313 动作；

2）2 号主变第二套保护跳 220kV 开关自保持继电器 RC42.U21.125.113 动作；

3）2 号主变第二套保护跳 35kV 开关自保持继电器 RC42.U21.125.313 动作。

（6）在 3 号主变第一套保护屏，保护 RCS-978C 面板上跳闸信号灯亮。

装置液晶界面上主要保护动作信息有：

- 管理板 I 侧后备保护启动
- 管理板 II 侧后备保护启动
- II 侧 A 相接地阻抗 T2

（7）在 3 号主变第一套保护屏，操作箱 CJX-02 面板上 5061、5062 开关 LOCK-OUT 出口继电器动作指示灯亮。

（8）在 3 号主变第二套保护屏，保护 RCS-978C 面板上跳闸信号灯亮。

装置液晶界面上主要保护动作信息有：

- 管理板 I 侧后备保护启动
- 管理板 II 侧后备保护启动
- II 侧 A 相接地阻抗 T2

（9）在 3 号主变第二套保护屏，操作继电器箱 CJX-02 面板上 5061、5062 开关 LOCKOUT 出口继电器动作指示灯亮红色。

（10）在小明 2287 线第一套保护屏，线路保护 PSL-603GA 装置电源消失，面板上指示灯均灭，屏后装置直流电源小开关跳开。

（11）在小明 2287 线第二套保护屏，线路保护 RCS-931A 装置电源消失，面板上指示灯均灭，屏后装置直流电源小开关跳开。

4. 故障录波器动作情况

（1）主变故障录波器嵌入式录波单元录波指示灯亮，有录波文件。

（2）220kV 1 号、2 号故障录波器嵌入式录波单元录波指示灯亮，有录波文件。

（3）500kV 母线故障录波器嵌入式录波单元录波指示灯亮，有录波文件。

（4）500kV 1～4 号故障录波器嵌入式录波单元录波指示灯亮，有录波文件。

五、主要处理步骤

（1）记录时间，消除音响。

（2）在故障后 5min 内，值长将收集的开关跳闸、母线失压、主变全停等情况简要汇报调度。

（3）记录光字牌并核对正确后复归。

（4）根据所跳开关及监控后台信号等，初步判断故障范围。

（5）派一组运维人员到一次设备现场实地检查各跳闸开关及失压的 220kV 母线上的开关的实际位置及外观、SF$_6$ 气体压力、弹簧机构和液压机构储能情况等，并检查 2 号、3 号主变本体有无受损、是否有明显的故障点等。

（6）派另一组运维人员到二次设备现场检查保护动作情况，记录保护动作信号并核对正确后复归各保护及其信号，打印故障录波并分析。

（7）根据保护动作信号及现场一次设备检查情况，判断为因雷雨天气造成小明 2287 线发生近区 A 相接地故障，由于小明 2287 线两套保护均因直流电源失去而不能动作，导致各 220kV 线路对侧距离或零序后备保护动作使对侧开关跳闸，2 号、3 号主变后备保护动作跳开 2 号、3 号主变各侧开关，造成 220kV 系统全停。

（8）在故障后 15min 内，值长将故障详情汇报国调分中心，并汇报省调、地调及站部管理人员。

（9）要求县调确保城变 3639 线正常供电。

（10）隔离故障点，根据调度发令隔离故障点及处理：

1）拉开 220kV 母线上的线路开关；

2）小明 2287 线由热备用改为冷备用；

3）对侧操作：小清 2281 线由热备用改为运行；

4）线路充电正常后，本侧小清 2281 线由热备用改为运行（充电本侧 220kV 4 段母线，1 号母联、2 号母联、正母分段、副母分段开关均合上。充电解列保护用上，充电正常后充电解列保护退出）；

5）2 号主变 5041 开关从热备用改为运行；

6）2 号主变/青城线 5042 开关从热备用改为运行；

7）2 号主变 3520 开关从热备用改为运行；

8）2 号主变 2602 开关从热备用改为运行；

9）3 号主变 5061 开关从热备用改为运行；

10）3 号主变 5062 开关从热备用改为运行；

11）3 号主变 3530 开关从热备用改为运行；

12）3 号主变 2603 开关从热备用改为运行；

13）220kV 其余各出线恢复正常运行（均由对侧充线路，本侧开关合环）；

14）站用电系统恢复正常运行；

15) 小明 2287 线由冷备用改为线路检修。

16) 试合一次小明 2287 线第一、二套保护直流电源小开关，若试合不成功，则停用小明 2287 线 PSL-603GA、RCS-931A 保护装置；若试合成功且保护无异常，则不需停用保护装置。

(11) 做好记录，上报缺陷等。

[案例 6] 小清 2281 线开关与线路 TA 之间 A 相接地

一、小清 2281 线设备配置及主要定值

1. 一次设备配置

(1) 小清 2281 线开关采用 3AP1-FI。

(2) 正母刀闸采用 GW7-252DW，水平断口，单接地。

(3) 副母刀闸采用 GW10-252W，垂直断口。

(4) 线路刀闸采用 GW7-252ⅡDW，水平断口，双接地。

2. 二次设备配置

(1) 小清 2281 线第一套保护屏采用国电南自的 GPSL603GA-102 线路保护屏，配置 PSL-603GA 型线路保护、PSL-631C 型开关保护（失灵、重合闸）。

(2) 小清 2281 线第二套保护屏采用南瑞继保的 PRC31A-02Z 线路保护屏，配置 RCS-931A 型线路保护、CZX-12R2 型操作箱。

(3) 小明 2287 线的保护配置同小清 2281 线。

(4) 220kV 母差保护配置 BP-2B 型母线保护。

3. 主要定值及其说明

(1) 小清 2281 线全长 23.771km。

(2) 线路保护 PSL-603GA、RCS-931A 的远跳回路均投入。

(3) 本侧 220kV 母差动作跳本线开关时启动装置的远跳回路。

二、前置要点分析

1. 220kV 线路开关与 TA 之间故障

在图 2-15 中，左边是线路 TA（出线侧），右边是线路开关（母线侧）。采用双母线接线时，当线路开关与线路 TA 之间发生故障时，是一种死区故障。由于故障是在母差保护范围内，母差保护会动作跳开该线所接母线上的所有开关，但故障仍然存在，要依靠母差保护启动线路对侧开关跳闸从而最

图 2-15 220kV 线路间隔（TA 与开关）

终切除故障。

2. 对侧线路开关远跳过程

以 RCS-931A 型保护为例。本侧 RCS-931A 型保护开入接点 626 或 719 为远跳开入。保护装置采样得到远跳开入为高电平时，经过专门的互补校验处理，作为开关量，连同电流采样数据及 CRC 校验码等，打包为完整的一帧信息，通过数字通道，传送给对侧保护装置。

对侧保护每收到一帧信息，都要进行 CRC 校验，经过 CRC 校验后再单独对开关量进行互补校验。只有通过上述校验后，并且经过连续三次确认后，才认为收到的远跳信号是可靠的。收到经校验确认的远跳信号后，若整定控制字"远跳受本侧控制"整定为"0"，则无条件置三跳出口，启动 A、B、C 三相出口跳闸继电器，同时闭锁重合闸；若整定为"1"，则需本装置启动才出口。

三、事故前运行工况

雨天，气温 20℃。全站处于正常运行方式，设备健康状况良好，未进行过检修。

四、主要事故现象

1. 监控后台现象

（1）监控系统事故、预告音响响。

（2）在主接线及间隔监控分画面上，事故涉及开关的状态发生变化。

1）在小清 2281 线分画面上，小清 2281 开关三相跳闸，绿灯闪光；

2）在小明 2287 线分画面上，小明 2287 开关三相跳闸，绿灯闪光；

3）在 220kV 1 号母联开关分画面上，220kV 1 号母联 2611 开关三相跳闸，绿灯闪光；

4）在 220kV 正母分段开关分画面上，220kV 正母分段 2621 开关三相跳闸，绿灯闪光。

（3）潮流发生变化。

1）小清 2281 线潮流为零、电压为零；

2）小明 2287 线潮流为零、电压为零；

3）220kV 正母Ⅰ段母线电压为零、频率为零。

（4）在相关间隔的光字窗中，有光字牌被点亮。

220kV 正母Ⅰ段光字窗点亮的光字牌：

1）220kV 正母Ⅰ段 TV 失压；

2）220kV 第一套母差保护动作；

3）220kV 第一套母差保护开入变位/异常；

4）220kV 第一套母差保护 TV 断线/复合电压闭锁开放；

5）220kV 第二套母差保护动作；

6）220kV 第二套母差保护开入变位/异常；

7）220kV 第二套母差保护 TV 断线/复合电压闭锁开放；

8）220kV 1 号故障录波器动作；

9）220kV 2 号故障录波器动作。

小清 2281 线光字窗点亮的光字牌：

1）单元事故总信号；

2）第一组出口跳闸；

3）第二组出口跳闸；

4）操作箱事故跳闸信号；

5）PSL-603GA 装置呼唤；

6）PSL-631C 装置呼唤；

7）第一组控制回路断线；

8）第二组控制回路断线。

小明 2287 线光字窗点亮的光字牌：

同小清 2281 线。

220kV 正母分段 2621 开关光字窗点亮的光字牌：

1）单元事故总信号；

2）第一组出口跳闸；

3）第二组出口跳闸；

4）第一组控制回路断线；

5）第二组控制回路断线。

220kV 1 号母联 2611 开关光字窗点亮的光字牌：

同 220kV 正母分段 2621 开关。

220kV 副母Ⅰ段光字窗点亮的光字牌：

220kV 副母Ⅰ段 TV 失压。

220kV 正母Ⅱ段光字窗点亮的光字牌：

220kV 正母Ⅱ段 TV 失压。

220kV 副母Ⅱ段光字窗点亮的光字牌：

220kV 副母Ⅱ段 TV 失压。

500kV 公用测控 1 光字窗点亮的光字牌：

1）500kV 母线故障录波器启动；

2）500kV 1 号故障录波器启动；

3）500kV 2 号故障录波器启动。

500kV 公用测控 2 光字窗点亮的光字牌：

1）500kV 3 号故障录波器启动；

2）500kV 4 号故障录波器启动。

35kV 公用测控光字窗点亮的光字牌：

主变故障录波器启动。

小荷 2290 线光字窗点亮的光字牌：

1）第一套高频保护收发信机动作；

2）第二套高频保护收发信机动作。

小江 2289 线光字窗点亮的光字牌：

同小荷 2290 线。

2．一次现场设备动作情况

（1）小清 2281 开关三相均处于分闸位置。

（2）小明 2287 开关三相均处于分闸位置。

（3）220kV 1 号母联 2611 开关三相均处于分闸位置。

（4）220kV 正母分段 2621 开关三相均处于分闸位置。

（5）小清 2281 开关与线路 TA 间 A 相有明显放电痕迹，A 相 TA 绝缘子有裂痕。

3．保护动作情况

（1）在 220kV 正副母 I 段第一套母差保护屏，母线保护 BP-2B 面板上左侧差动保护动作/母联失灵 I 灯亮，右侧差动保护动作、开入变位、TV 断线红灯亮。

装置液晶界面上主要保护动作信息有：

• 在模拟图上，220kV 1 号母联 2611 开关、220kV 正母分段 2621 开关在分位

• 220kV 正母 I 段母差动作

（2）在 220kV 正副母 I 段第二套母差保护屏，BP-2B 现象同第一套。

（3）在小清 2281 线第一套保护屏上，线路保护 PSL-603A 面板上 TV 断线灯亮。

装置液晶界面上主要保护动作信息有：

• 远跳开入

• A 相跳位开入

• B 相跳位开入

• C 相跳位开入

（4）在小清 2281 线第一套保护屏上，开关保护 PSL-631C 面板上重合允许灯灭、TV 断线灯亮。

装置液晶界面上主要保护动作信息有：

• 启动失灵动作

• 启动失灵返回

• 闭锁重合闸

• A 相跳位开入

• B 相跳位开入

• C 相跳位开入

（5）在小清 2281 线第二套保护屏，线路保护 RCS-931A 面板上 TV 断线灯亮。

装置液晶界面上主要保护动作信息有：

• 远跳开入

- 闭锁重合闸
- A 相跳位开入
- B 相跳位开入
- C 相跳位开入

（6）在小清 2281 线第二套保护屏，操作箱 CZX-12R2 面板上：

1）第一组跳闸回路 A 相、B 相、C 相监视灯 OP 灭；

2）第二组跳闸回路 A 相、B 相、C 相监视灯 OP 灭；

3）第一组跳闸回路跳 A 相、B 相、C 相指示灯 TA、TB、TC 亮；

4）第二组跳闸回路跳 A 相、B 相、C 相指示灯 TA、TB、TC 亮。

（7）在小明 2287 线第一套保护屏上，线路保护 PSL-603A 面板上 TV 断线灯亮。

装置液晶界面上主要保护动作信息有：

- 远跳开入
- A 相跳位开入
- B 相跳位开入
- C 相跳位开入

（8）在小明 2287 线第一套保护屏上，开关保护 PSL-631C 面板上重合允许灯灭、TV 断线灯亮。

装置液晶界面上主要保护动作信息有：

- 启动失灵动作
- 启动失灵返回
- 闭锁重合闸
- A 相跳位开入
- B 相跳位开入
- C 相跳位开入

（9）在小明 2287 线第二套保护屏，线路保护 RCS-931A 面板上 TV 断线灯亮。

装置液晶界面上主要保护动作信息有：

- 远跳开入
- 闭锁重合闸
- A 相跳位开入
- B 相跳位开入
- C 相跳位开入

（10）在小明 2287 线第二套保护屏，CZX-12R2 现象同小清 2281 线。

（11）在 220kV 1 号母联/正母分段保护屏，220kV 1 号母联 2611 开关 CZX-12R2 现象同小清 2281 线。

（12）在 220kV 1 号母联/正母分段保护屏，220kV 正母分段 2621 开关 CZX-12R2 现象同小清 2281 线。

4. 故障录波器动作情况

220kV 1 号故障录波器嵌入式录波单元录波指示灯亮，有录波文件。

五、主要处理步骤

（1）记录时间，消除音响。

（2）在故障后 5min 内，值长将收集的开关跳闸、母线失压等情况简要汇报调度。

（3）记录光字牌并核对正确后复归。

（4）根据所跳开关及监控后台信号等，初步判断故障范围。

（5）派一组运维人员到一次设备现场实地检查小清 2281 开关、小明 2287 开关、220kV 1 号母联 2611 开关、220kV 正母分段 2621 开关的实际位置及外观、SF₆ 气体压力、弹簧机构储能情况等，并检查 220kV 正母 I 段母差保护范围内的其他设备。

（6）派另一组运维人员到二次设备现场检查保护动作情况，记录保护动作信号并核对正确后复归各保护及其信号，打印故障录波并分析。

（7）根据保护动作信号及现场一次设备检查情况，判断为小清 2281 开关与线路 TA 间因 A 相 TA 绝缘子产生裂痕造成永久性接地。220kV 正副母 I 段第一套、第二套母差保护动作跳开 220kV 1 号母联 2611 开关、220kV 正母分段 2621 开关、小清 2281 开关、小明 2287 开关。小清 2281 线、小明 2287 线发远跳使线路对侧开关跳开。

（8）在故障后 15min 内，值长将故障详情汇报调度及站部管理人员。

（9）隔离故障点及处理：

1）小清 2281 开关从热备用改为冷备用；

2）220kV 1 号母联从热备用改为运行（充电 220kV 正母 I 段）；

3）220kV 正母分段从热备用改为运行；

4）小明 2287 开关从热备用改为运行；

5）小清 2281 开关从冷备用改为开关检修。

（10）做好记录，上报缺陷等。

思考题

（1）在案例 1 中，保护 WXH-803A 的重合闸置单重方式，重合闸出口压板放停用。该保护动作启动 CSC-122A 重合闸是如何实现的？

（2）在案例 2 中，若小云 2286 线在直流电源分电屏上的第一组直流控制电源空气开关 4DK1 跳闸，后台会报"交流电源消失"信号吗？

（3）高频闭锁方向保护在满足哪些条件时，本侧保护停信？

（4）"三相不一致动作"光字信号的逻辑是如何构成的？

（5）开关本体三相不一致保护动作时间应与哪套保护的哪个动作时间配合？

（6）为什么开关三相不一致保护动作后，只有按复归按钮 S4 解除该自保持，开关才能重新正常合闸？

（7）在案例 5 中，若只是小明 2287 线的第一套保护直流电源消失，故障现象会是怎样？

（8）220kV 线路保护的远跳开入量有哪些？

第三章

500kV 线路故障案例分析

［案例7］ 绿城线 5031 开关液压低闭锁重合闸

一、设备配置及主要定值

1. 一次设备配置

（1）绿城线 5031 开关采用 3AT2-EI，双断口，电动液压机构，三相分基座，三相独立储能。

（2）绿城线 50311 刀闸采用 PR51-MM40。

（3）绿城线 50312 刀闸采用 TR53-MM40。

2. 二次设备配置

（1）绿城 5167 线线路保护采用 AREVA 公司的 P546、P443 型保护。

（2）绿城线 5031 开关保护采用 ABB 公司的 REC670 型保护。

3. 主要定值及其说明

3AT2-EI 开关液压机构的主要压力定值：释压阀动作 37.5MPa，漏 N_2 总闭锁（35.5±0.4）MPa，油泵启动（32±0.3）MPa，闭锁重合闸（30.8±0.3）MPa，闭锁合闸（27.8±0.3）MPa，总闭锁（26.3±0.3）MPa。

二、前置要点分析

1. 开关保护 REC670 告警信号（LED）

ABB 公司的间隔层测控保护装置 REC670 能实现开关失灵、自动重合闸、同期及无压鉴定、开关三相不一致保护、电压保护、频率保护、一次设备控制等功能。作为开关保护时，只选用开关失灵保护及自动重合闸功能。

在图 3-1 所示的面板上，右侧 11 个告警信号 LED 灯的含义如下：

（1）A 相跳闸（红灯）：失灵保护动作 A 相跳闸出口。

（2）B 相跳闸（红灯）：失灵保护动作 B 相跳闸出口。

（3）C 相跳闸（红灯）：失灵保护动作 C 相跳闸出口。

（4）重合闸动作（红灯）：开关重合闸动作出口。

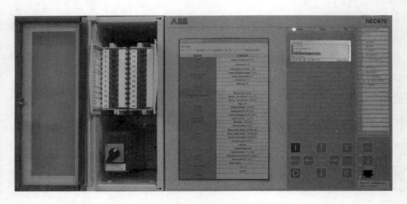

图 3-1　REC670 型保护装置面板

（5）失灵保护动作（红灯）：失灵保护延时段动作出口。

（6）备用（黄灯）。

（7）ZKK1 跳开（黄灯）：屏后的开关重合闸交流电压小开关 ZKK1 跳开。

（8）ZKK2 跳开（黄灯）：屏后的开关重合闸交流电压小开关 ZKK2 跳开。

（9）重合闸被闭锁（黄灯）：重合闸被闭锁启动。

（10）重合闸压力闭锁（黄灯）：开关液压闭锁重合闸。

（11）TA 断线（黄灯）：失灵保护电流回路断线。

2. 3AT2-EI 开关液压机构油泵打压超时

图 3-2 所示的是 3AT2-EI 开关 C 相机构箱局部，图 3-3 所示的是 3AT2-EI 开关 C 相油泵控制回路，图中：B1 是压力开关；K15 是瞬时闭合、延时断开的时间继电器，此处整定为继电器断电后，延迟 3s 断开；K67 是打压超时时间继电器。

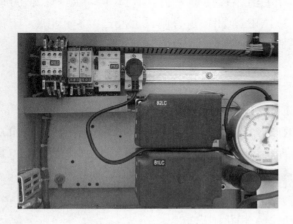

图 3-2　C 相机构箱局部

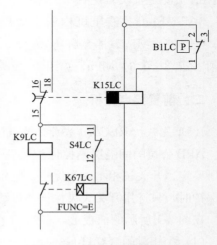

图 3-3　C 相机构油泵控制回路

B1 的动断触点（1，2）在压力低于（32±0.3）MPa 时闭合，触点闭合后，启动时间继电器 K15。K15 的（15，18）触点闭合，启动打压接触器 K9，K9 启动后，其串入电机的动合触点闭合，电机启动，开关开始打压。达到设定值时，B1 的动断触点（1，2）断开，但电机并未马上停止，而是要到 K15 设定的延时时间之后才停止。K15 延时 3s 断开的目的是：①防止液压系统频繁启动；②检查氮气储能筒有无氮气泄漏。

K9 回路中并联了一个时间继电器 K67，该继电器的作用是控制油泵运转时间。当 K9 启动的同时，K67 线圈带电并开始计时，其设置时间一般为 15min（也有变电站将 K67 的时间定值设置成 3min）。开关开始打压后，在压力没有上升到（32±0.3）MPa 前，K15 将一直有输入，K9 也一直通电。若 15min 后这种状况仍持续，则 K67 串在 K9 线圈回路中的延时断开动断触点断开，使 K9 线圈失电，打压停止。K67 保证了油泵打压时间不超过 15min。

K67 的另一副延时闭合动合触点（25，28）用来报"油泵打压超时"告警。

三、事故前运行工况

晴天，气温 15℃。全站处于正常运行方式，设备健康状况良好，未进行过检修。

四、主要事故现象

1. 后台监控现象

（1）监控系统预告音响响。

（2）在相关间隔的光字窗中，有光字牌被点亮。

绿城线 5031 开关光字窗点亮的光字牌：

1）开关油泵打压超时；

2）开关 C 相油泵打压；

3）开关油压合闸闭锁；

4）重合闸装置停用/闭锁。

2. 一次设备现场设备动作情况

在绿城线 5031 开关 C 相机构箱中，液压表指示值为 26.9MPa。5031 开关 C 相油泵打压超时继电器 K67LC 动作，C 相油泵连接头处有较严重渗油，地面上有较大片油迹。

3. 保护动作情况

在绿城线 5031 开关保护屏，开关保护 REC670 面板上 Start 黄灯亮，重合闸压力闭锁黄灯亮。

装置液晶界面上主要保护动作信息有：

• AR01-BLOCKED（重合闸被闭锁）

注：REC670 等 ABB 6 系列保护装置在动作信息后都带有动作时刻。为简明，一律省略。

4. 故障录波器动作情况

无。

五、主要处理步骤

（1）记录时间，消除音响。

（2）在故障后 5min 内，值长将收集的开关异常情况等简要汇报调度。

（3）记录光字牌并核对正确后复归。

（4）根据监控后台信号等，初步判断异常。

（5）派一组运维人员到一次设备现场实地检查开关液压机构，发现绿城线 5031 开关 C 相液压机构渗油，C 相液压机构压力降至 26.9MPa。

（6）派另一组运维人员到二次设备现场检查保护信号。

（7）根据保护信号及现场一次设备检查情况，判断为绿城线 5031 开关 C 相液压机构渗油，压力降至 26.9MPa，合闸闭锁、重合闸闭锁。

（8）在故障后 15min 内，值长将异常详情汇报调度及站部管理人员。

（9）根据调度要求将绿城线 5031 开关改为开关检修。

（10）做好记录，上报缺陷等。

［案例 8］ 山城 5170 线相间短路，绿城线／山城线 5032 开关拒动

一、山城 5170 线设备配置及主要定值

1. 一次设备配置

（1）山城线 5033 开关、绿城线/山城线 5032 开关、绿城线 5031 开关均采用 3AT2-EI，双断口，电动液压机构，三相分基座，三相独立储能。

（2）山城线 50332 刀闸、绿城线 50311 刀闸均采用 PR51-MM40。

（3）第三串的其他刀闸，包括 50331 刀闸、50322 刀闸、50321 刀闸、50312 刀闸采用两组 TR53-MM40。

2. 二次设备配置

（1）山城 5170 线线路保护采用 AREVA 公司的 P546 型、P443 型保护。

（2）绿城 5167 线线路保护采用 AREVA 公司的 P546 型、P443 型保护。

（3）绿城线 5031 开关、绿城线/山城线 5032 开关、山城线 5033 开关的开关保护均采用 ABB 公司的 REC670 型保护。

3. 主要定值及其说明

（1）山城 5170 线的线路全长 62.50km。

（2）在 20℃ 时，3AT2-EI 的 SF_6 气体额定压力值 0.7MPa，泄漏报警压力值 0.64MPa，总闭锁压力值 0.62MPa。

（3）P546 电流差动：Phase I_{s1}（最小差动动作电流）整定值为 400mA，Phase I_{s2}（制动电流拐点设定）整定值为 2.0A，Phase K_1（斜率 1）整定值为 30%，Phase K_2（斜率 2）整定值为 150%。

（4）P443 的 Z1 Phase Reach（相间距离Ⅰ段阻抗幅值）、Z1 Ground Reach（接地距离Ⅰ段阻抗幅值）整定值均为 9.2，Z2 Phase Reach（相间距离Ⅱ段阻抗幅值）、Z2

Ground Reach（接地距离Ⅱ段阻抗幅值）整定值均为 19.8。Zone 2 Delay（后备距离Ⅱ段延时）整定值为 1.0s。

（5）TV 变比为 500kV/0.1kV，TA 变比为 4000A/1A。

（6）定值均为二次值，其中阻抗比（一次/二次）为 1.25。

二、前置要点分析

1. 单元事故总信号

单元事故总信号主要反映某开关在正常手动合闸或者遥控合闸后，因各种故障而由保护跳闸或者因偷跳而自行分闸，该信号一旦出现则表明开关事故跳闸。

过去在硬接线控制条件下，开关是由位于主控室的控制开关（俗称 KK 开关）直接控制的，开关合上后，KK 开关的合后位置触点会一直闭合。当开关由保护出口跳闸或自行偷跳时，KK 开关把手位置不会有变化，合后位置触点自然也不会变化。

该合后位置触点在传统二次控制回路里主要有两个作用：①启动事故总音响和光字牌告警；②启动保护重合闸，这两个作用是通过位置不对应来实现的。所谓位置不对应，是指 KK 开关位置和开关实际位置不对应，具体做法是把操作箱的 TWJ 动合触点与 KK 开关的合后位置触点（该触点手合后闭合）串联起来后去启动音响或重合闸。当非手动分闸时，TWJ 触点闭合，而 KK 开关没有动过，它的合后位置触点仍是接通的，回路就通了。事故发生后，需要运维人员去复归对位，即把 KK 开关把手扳到分后位置（即所谓的对应操作），使不对应回路断开，事故音响停止，掉牌复归。

在变电站综合自动化条件下，单元事故总信号逐渐演变成由软件组态产生的"软信号"，但其组态思想与传统的硬接线事故总信号实现思想一脉相承，一般是由操作箱的 KKJ 动合触点串联 TWJ 动合触点来组成。其重点是，用 KKJ 继电器的动合触点来模拟 KK 开关的合后闭合触点，即对开关进行手动合闸或者遥控合闸操作后，KKJ 动作后通过中间继电器给出 KK 开关合后闭合触点，并在对开关进行手动分闸或遥控分闸操作前始终保持。这样，当开关事故跳闸，TWJ 触点闭合，位置不对应回路接通，启动重合闸和接通事故总音响和光字牌回路。

在实际工作中，单元事故总信号的组态呈现多样化趋势，图 3-4 所示的是 REC670 用作测控装置时的事故总信号逻辑图。

通过 REC670 装置的遥控合闸命令 CB-EXE_CL＝＝SXCBR 与开关合位 CB_CLD＝＝SMBI 使触发器 SRM 置位，当不是由于通过 REC670 装置的遥控分闸命令 CB-EXE_OP ＝＝SXCBR 而发生的开关任一相变为分位，即产生 FAULT_SIGNAL 事故总软信号，通过 EVENT 事件模块上送至后台和就地触摸屏。

220kV 线路发生事故跳闸时，还会发"操作箱事故跳闸信号"光字。这个光字是由操作箱中的 TWJ 和模拟开关合后接通的继电器触点组成，属于所谓的"硬接点"信号。

2. 3AT2-EI 开关的 SF_6 总闭锁回路

（1）3AT2-EI 开关的 SF_6 总闭锁回路主要涉及以下几个元件：

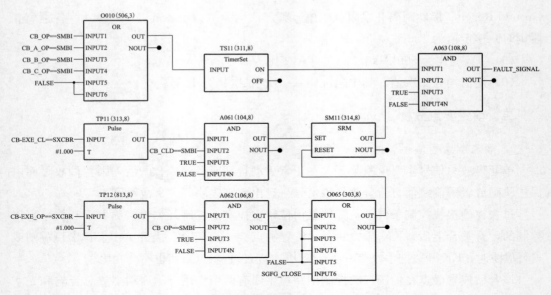

图 3-4　REC670 测控装置事故总信号逻辑图

1）B4 是开关的 SF_6 压力开关，该开关有三副动断触点（11，13）、（21，23）、（31，33）；

2）K10 是分闸 1 总闭锁继电器（SF_6/N_2/油压闭锁）；

3）K26 是分闸 2 总闭锁继电器（SF_6/N_2/油压闭锁）；

4）K5 是 SF_6 分合闸总闭锁 1 继电器；

5）K105 是 SF_6 分合闸总闭锁 2 继电器。

（2）SF_6 泄漏信号：当 SF_6 压力降到 0.64MPa 时，B4 的触点（11，13）闭合，提供泄漏信号。

（3）SF_6 总闭锁的实现：当 SF_6 压力降低到 0.62MPa 时，B4 的触点（21，23）、（31，33）闭合，分别接通 K5、K105 线圈回路，使之励磁。K5、K105 励磁后，它们串在第一组和第二组分闸总闭锁回路中的动断触点断开，使 K10、K26 失磁。而 K10、K26 失磁将使它们串在分闸回路中的动合触点断开，从而切断第一组和第二组分闸回路，实现总闭锁功能。

（4）绿城线/山城线 5032 开关的光字信号"开关 SF_6 总闭锁"则是由 K5 的动合触点（1，2）和 K105 的动合触点（1，2）提供。

三、事故前运行工况

晴天，气温 15℃。全站处于正常运行方式，设备健康状况良好，未进行过检修。

四、主要事故现象

1. 后台监控现象

（1）监控系统事故音响、预告音响响。

（2）在 500kV 第三串分画面上，绿城线 5031 开关、山城线 5033 开关三相跳闸，绿灯闪光。

（3）潮流发生变化。

1）山城 5170 线潮流为零；

2）绿城 5167 线潮流为零。

（4）在相关间隔的光字窗中，有光字牌被点亮。

山城 5170 线光字窗点亮的光字牌：

1）第一套分相电流差动保护装置跳闸；

2）第一套分相电流差动保护装置动作；

3）第一套后备距离保护装置跳闸；

4）第一套后备距离保护装置动作；

5）第一套分相电流差动/后备距离保护装置 TV 断线；

6）第二套分相电流差动保护装置跳闸；

7）第二套分相电流差动保护装置动作；

8）第二套后备距离保护装置跳闸；

9）第二套后备距离保护装置动作；

10）第二套分相电流差动/后备距离保护装置 TV 断线。

绿城 5167 线光字窗点亮的光字牌：

1）第一套分相电流差动/后备距离保护装置 TV 断线；

2）第二套分相电流差动/后备距离保护装置 TV 断线。

山城线 5033 开关光字窗点亮的光字牌：

1）单元事故总信号；

2）保护总跳闸；

3）重合闸装置停用/闭锁；

4）山城 5170 线电能表 TV 失压报警。

绿城线/山城线 5032 开关光字窗点亮的光字牌：

1）开关第一组控制回路断线；

2）开关第二组控制回路断线；

3）开关 SF_6 泄漏；

4）开关 SF_6 总闭锁；

5）开关 N_2 油压/SF_6 总闭锁；

6）保护总跳闸；

7）失灵保护动作；

8）开关保护失灵延时出口继电器未复归；

9）重合闸装置停用/闭锁。

绿城线 5031 开关光字窗点亮的光字牌：

1）单元事故总信号；

2）重合闸装置停用/闭锁；

3）保护总跳闸；

4）绿城 5167 线电能表 TV 失压报警。

35kV 公用测控光字窗点亮的光字牌：

主变故障录波器启动。

220kV 正母Ⅰ段光字窗点亮的光字牌：

1）220kV 正母Ⅰ段 TV 失压；

2）220kV 1 号故障录波器动作；

3）220kV 2 号故障录波器动作；

4）220kV 第一套母差保护 TV 断线/复合电压闭锁开放；

5）220kV 第二套母差保护 TV 断线/复合电压闭锁开放。

220kV 副母Ⅰ段光字窗点亮的光字牌：

220kV 副母Ⅰ段 TV 失压。

220kV 正母Ⅱ段光字窗点亮的光字牌：

220kV 正母Ⅱ段 TV 失压。

220kV 副母Ⅱ段光字窗点亮的光字牌：

220kV 副母Ⅱ段 TV 失压。

500kV 公用测控 1 光字窗点亮的光字牌：

1）500kV 母线故障录波器启动；

2）500kV 1 号故障录波器启动；

3）500kV 2 号故障录波器启动。

500kV 公用测控 2 光字窗点亮的光字牌：

1）500kV 3 号故障录波器启动；

2）500kV 4 号故障录波器启动。

小荷 2290 线光字窗点亮的光字牌：

1）第一套高频保护收发信机动作；

2）第二套高频保护收发信机动作。

小江 2289 线光字窗点亮的光字牌：

同小荷 2290 线。

2. 一次设备现场设备动作情况

（1）山城线 5033 开关三相均处于分闸位置。

（2）绿城线 5031 开关三相均处于分闸位置。

（3）绿城线/山城线 5032 开关 A 相的 SF_6 压力为 0.6MPa，已降低至总闭锁值以下。开关在合闸位置，机构箱内 K10、K26 继电器失磁，K5、K10 继电器动作。

3. 保护动作情况

（1）在山城 5170 线第一套保护屏上：

1）山城 5170 线第一套保护跳 5033 开关 A 相出口继电器 CKJ1 掉牌；

2）山城 5170 线第一套保护跳 5033 开关 B 相出口继电器 CKJ2 掉牌；

3）山城 5170 线第一套保护跳 5033 开关 C 相出口继电器 CKJ3 掉牌；

4）山城 5170 线第一套保护跳 5032 开关 A 相出口继电器 CKJ4 掉牌；

5）山城 5170 线第一套保护跳 5032 开关 B 相出口继电器 CKJ5 掉牌；

6）山城 5170 线第一套保护跳 5032 开关 C 相出口继电器 CKJ6 掉牌。

（2）在山城 5170 线第一套保护屏，分相电流差动保护 P546 面板上 A 相差动动作、B 相差动动作、TV 断线指示灯亮，ALARM（报警指示，黄色）灯闪烁，TRIP（跳闸指示，红色）灯亮。

装置液晶界面上主要保护动作信息有：

- ［时间］
- Started phase AB（AB 两相过流元件启动）
- Trip phase ABC（跳 ABC 相）
- Current diff start（启动元件为差动元件）
- Current diff trip intertrip（差动联跳）
- Fault duration［数值］（故障持续时间）
- CB operate time［数值］（开关动作时间）
- Fault location［数值］（故障测距）
- IA local［数值］（本侧电流）
- IB local［数值］（本侧电流）
- IC local［数值］（本侧电流）
- IA remote［数值］（对侧电流）
- IB remote［数值］（对侧电流）
- IC remote［数值］（对侧电流）
- IA differential［数值］（A 相差流值）
- IB differential［数值］（B 相差流值）
- IC differential［数值］（C 相差流值）
- IA bias［数值］（制动电流）
- IB bias［数值］（制动电流）
- IC bias［数值］（制动电流）

（3）在山城 5170 线第一套保护屏，后备距离保护 P443 面板上 A 相跳闸、B 相跳闸、C 相跳闸、距离Ⅰ段动作、TV 断线指示灯亮，ALARM（报警指示，黄色）灯闪烁，TRIP（跳闸指示，红色）灯亮。

装置液晶界面上主要保护动作信息有：

- ［时间］
- Start phase AB（A、B 两相过流元件启动）
- Trip phase ABC（跳 A、B、C 相）
- Distance start Z1 Z2 Z3（距离Ⅰ、Ⅱ、Ⅲ段启动）
- Distance trip Z1（距离Ⅰ段动作出口）
- Earth fault start IN＞1（反时限零流启动）
- Fault duration［数值］（故障持续时间）
- CB operate time［数值］（开关动作时间）
- Fault location［数值］（故障测距）

（4）山城 5170 线第二套保护屏动作情况同第一套。

（5）在绿城 5167 线第一套保护屏，分相电流差动保护 P546、后备距离保护 P443 面板上 TV 断线灯亮，ALARM（报警指示，黄色）灯闪烁。

（6）绿城 5167 线第二套保护屏动作情况同第一套。

（7）在山城线 5033 开关保护屏，开关保护 REC670 面板上 Start 黄灯亮，Trip 红灯亮，A 相跳闸、B 相跳闸、C 相跳闸红灯亮，重合闸被闭锁黄灯亮。

装置液晶界面上主要保护动作信息有：
- TRIP-TRIP（保护装置总跳闸）
- TRIP-TRL1（保护动作跳 A 相）
- TRIP-TRL2（保护动作跳 B 相）
- TRIP-TRL3（保护动作跳 C 相）
- 2/3-PH-TRRET（两相或三相跳闸）
- BFP-TRRETL1（失灵保护 A 相重跳）
- BFP-TRRETL2（失灵保护 B 相重跳）
- BFP-TRRETL3（失灵保护 C 相重跳）
- LP-BLOCK-AR（线路保护闭锁重合闸）
- RETRIP-A（外部启动 A 相跳闸）
- RETRIP-B（外部启动 B 相跳闸）
- RETRIP-C（外部启动 C 相跳闸）

（8）在绿城线/山城线 5032 开关保护屏，开关保护 REC670 面板上 Start 黄灯亮，Trip 红灯亮，A 相跳闸、B 相跳闸、C 相跳闸、失灵延时段动作红灯亮，重合闸被闭锁。

装置液晶界面上主要保护动作信息有：
- TRIP-TRIP（保护装置总跳闸）
- TRIP-TRL1（保护动作跳 A 相）
- TRIP-TRL2（保护动作跳 B 相）
- TRIP-TRL3（保护动作跳 C 相）

- 2/3-PH-TRRET（两相或三相跳闸）
- BFP-TRRETL1（失灵保护 A 相重跳）
- BFP-TRRETL2（失灵保护 B 相重跳）
- BFP-TRRETL3（失灵保护 C 相重跳）
- LP-BLOCK-AR（线路保护闭锁重合闸）
- PHASE-A-CLOSE（开关 A 相合位）
- PHASE-B-CLOSE（开关 B 相合位）
- PHASE-C-CLOSE（开关 C 相合位）
- BFP-BLOCK-AR（失灵动作闭锁重合闸）
- RETRIP-A（外部启动 A 相跳闸）
- RETRIP-B（外部启动 B 相跳闸）
- RETRIP-C（外部启动 C 相跳闸）

（9）在绿城线 5031 开关保护屏，开关保护 REC670 面板上 Start 黄灯亮，A 相跳闸、B 相跳闸、C 相跳闸红灯亮，重合闸被闭锁黄灯亮。

装置液晶界面上主要保护动作信息有：

- TRIP-TRIP（保护装置总跳闸）
- TRIP-TRL1（保护动作跳 A 相）
- TRIP-TRL2（保护动作跳 B 相）
- TRIP-TRL3（保护动作跳 C 相）
- RETRIP-A（外部启动 A 相跳闸）
- RETRIP-B（外部启动 B 相跳闸）
- RETRIP-C（外部启动 C 相跳闸）
- BFP-TRRETL1（失灵保护 A 相重跳）
- BFP-TRRETL2（失灵保护 B 相重跳）
- BFP-TRRETL3（失灵保护 C 相重跳）

（10）在绿城线 5031 开关测控屏，操作箱 FCX-22HP 面板上：

1）跳 AⅠ、跳 BⅠ、CⅠ、跳 AⅡ、跳 BⅡ、跳 CⅡ指示灯亮；

2）跳位 A、跳位 B、跳位 C 指示灯亮；

3）合位 AⅠ、合位 BⅠ、合位 CⅠ、合位 AⅡ、合位 BⅡ、合位 CⅡ指示灯灭。

（11）在山城线 5033 开关测控屏，FCX-22HP 现象同绿城线 5031 开关测控屏。

（12）在绿城线/山城线 5032 开关测控屏，操作箱 FCX-22HP 面板上合位 AⅠ、合位 BⅠ、合位 CⅠ、合位 AⅡ、合位 BⅡ、合位 CⅡ指示灯亮。

4．故障录波器动作情况

500kV 2 号故障录波器屏嵌入式录波单元录波指示灯亮，有录波文件。

五、主要处理步骤

（1）记录时间，消除音响。

（2）在故障后 5min 内，值长将收集的开关跳闸等情况简要汇报国调分中心。

（3）记录光字牌并核对正确后复归。

（4）根据所跳开关及监控后台信号等，初步判断故障范围。

（5）派一组运维人员到一次设备现场实地检查山城线 5033 开关、绿城线 5031 开关、绿城线/山城线 5032 开关三相实际位置及外观、SF_6 气体压力、液压机构压力等情况，并检查山城 5170 线路保护范围内一次设备。

（6）派另一组运维人员到二次设备现场检查保护动作情况，记录保护动作信号并核对正确后复归各保护及其信号，打印故障录波并分析。

（7）根据保护动作信号及现场一次设备检查情况，判断为山城 5170 线相间短路，第一套和第二套主保护、后备保护动作，山城线 5033 开关跳开，绿城线/山城线 5032 开关因 A 相 SF_6 总闭锁而拒动。失灵保护动作跳开绿城线 5031 开关，并发远跳令跳开绿城 5167 线对侧开关。

（8）在故障后 15min 内，值长将故障详情汇报国调分中心，并汇报省调、地调及站部管理人员。

（9）根据国调分中心发令隔离故障点及处理：

1）绿城线/山城线 5032 开关从运行改为冷备用（用两侧刀闸隔离）；

2）山城线 5033 开关从热备用改为冷备用；

3）绿城线 5031 开关从热备用改为运行；

4）绿城线/山城线 5032 开关从冷备用改为开关检修；

5）山城 5170 线从冷备用改为线路检修。

（10）做好记录，上报缺陷等。

［案例 9］　水城 5168 线 C 相引线断落造成三相短路

一、水城 5168 线设备配置及主要定值

1. 一次设备配置

（1）水城 5168 线所接的第一串是一个不完整串。

（2）水城线 5012 开关、5013 开关采用 3AT2-EI。

（3）水城线 50122 刀闸、50131 刀闸采用 TR53-MM40。

（4）水城线 50122TA 采用 IOSK550。

2. 二次设备配置

（1）水城 5167 线线路保护采用 AREVA 公司的 P546、P443 型保护。

（2）水城线 5012 开关、5013 开关的保护采用 ABB 公司的 REC670 型保护。

3. 主要定值及其说明

（1）水城 5168 线的线路全长 62.46km。

（2）水城线 5012 开关、5013 开关各相故障录波定值：

1）上限定值为 0.6A，下限定值为 0A，突变量定值为 0.3A；

2）开关辅助触点在开关由合闸变分闸时启动故障录波；

3）500kV 1 号故障录波器的电流变比为 4000A/1A。

二、前置要点分析

1. 水城 5168 线 C 相引线

图 3-5（a）所示是 500kV 第一串全景，画面近处是 500kV Ⅱ 母，远处是 500kV Ⅰ 母，开关、刀闸等的 A、B、C 三相则是从右到左排列。水城 5168 线是从画面右侧进线，因此其 B、C 两相势必要要借助跳线引入。

图 3-5（b）所示是 50122 刀闸（TR53-MM40 型）和 50122TA（IOSK550 型，在图上右侧）。本案例的故障点就在这两者之间。

（a）   （b）

图 3-5　水城 5168 线引线

（a）整体图；（b）局部图

2. 500kV 线路保护交流电压回路

这里以水城 5168 线为例介绍 500kV 线路保护交流电压回路。

水城 5168 线线路 TV 第一次级经电压小开关 1ZKK 供线路第一套保护屏，在保护屏内经交流电压小开关 MCB3、保护电压试验部件 TF2 引至 P546 分相电流差动保护装置；经交流电压小开关 MCB4、保护电压试验部件 TF2 引至 P443 后备距离保护装置。

水城 5168 线线路 TV 第二次级经电压小开关 2ZKK 供线路第二套保护屏，在保护屏内经交流电压小开关 MCB3、保护电压试验部件 TF2 引至 P546 分相电流差动保护装置；经交流电压小开关 MCB4、保护电压试验部件 TF2 引至 P443 后备距离保护装置。TF1、TF2 部件如图 3-6 所示。

图 3-6　TF1、TF2 部件

3. 线路保护出口继电器线圈回路

如图 3-7 所示，从左到右分别是出口继电器 CKJ1～CKJ6，其中：

图 3-7　出口继电器

CKJ1 是第一套/第二套保护跳边开关 A 相自保持继电器；
CKJ2 是第一套/第二套保护跳边开关 B 相自保持继电器；
CKJ3 是第一套/第二套保护跳边开关 C 相自保持继电器；
CKJ4 是第一套/第二套保护跳中开关 A 相自保持继电器；
CKJ5 是第一套/第二套保护跳中开关 B 相自保持继电器；
CKJ6 是第一套/第二套保护跳中开关 C 相自保持继电器。

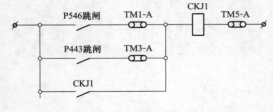

图 3-8　出口继电器线圈回路

CKJ1～CKJ6 的线圈回路如图 3-8 所示（以 CKJ1 为例，其余同）。图中：TM1 是第一套/第二套分相电流差动保护边开关出口部件，TM3 是第一套/第二套后备距离保护边开关出口部件，TM5 是第一套/第二套保护总出口部件。

三、事故前运行工况

雨天，气温 20℃。全站处于正常运行方式，设备健康状况良好，未进行过检修。

四、主要事故现象

1. 后台监控现象

（1）监控系统事故、预告音响响。

（2）在 500kV 第一串分画面上，水城线 5012 开关、水城线 5013 开关三相跳闸，绿灯闪光。

（3）潮流发生变化。

1）水城 5168 线潮流为零。

2）水城 5168 线电压为零。

（4）在相关间隔的光字窗中，有光字牌被点亮。

水城 5168 线光字窗点亮的光字牌：

1）第一套分相电流差动保护装置跳闸；

2）第一套分相电流差动保护装置动作；

3）第一套后备距离保护装置跳闸；

4）第一套后备距离保护装置动作；

5）第一套分相电流差动/后备距离保护装置 TV 断线；

6）第二套分相电流差动保护装置跳闸；

7）第二套分相电流差动保护装置动作；

8）第二套后备距离保护装置跳闸；

9）第二套后备距离保护装置动作；

10）第二套分相电流差动/后备距离保护装置 TV 断线。

水城线 5012 开关光字窗点亮的光字牌：

1）单元事故总信号；

2）保护总跳闸；

3）重合闸装置停用/闭锁。

水城线 5013 开关光字窗点亮的光字牌：

1）单元事故总信号；

2）保护总跳闸；

3）重合闸装置停用/闭锁；

4）水城 5168 线电能表 TV 失压报警。

500kV 公用测控 1 光字窗点亮的光字牌：

1）500kV 母线故障录波器启动；

2）500kV 1 号故障录波器启动；

3）500kV 2 号故障录波器启动。

500kV 公用测控 2 光字窗点亮的光字牌：

1）500kV 3 号故障录波器启动；

2）500kV 4 号故障录波器启动。

35kV 公用测控光字窗点亮的光字牌：

主变故障录波器启动。

220kV 正母 I 段光字窗点亮的光字牌：

1）220kV 正母 I 段 TV 失压；

2）220kV 1 号故障录波器动作；

3）220kV 2 号故障录波器动作；

4）220kV 第一套母差保护 TV 断线/复合电压闭锁开放；

5）220kV 第二套母差保护 TV 断线/复合电压闭锁开放。

220kV 副母 I 段光字窗点亮的光字牌：

220kV 副母 I 段 TV 失压。

220kV 正母 II 段光字窗点亮的光字牌：

220kV 正母 II 段 TV 失压。

220kV 副母 II 段光字窗点亮的光字牌：

220kV 副母 II 段 TV 失压。

小荷 2290 线光字窗点亮的光字牌：

1) 第一套高频保护收发信机动作；

2) 第二套高频保护收发信机动作。

小江 2289 线光字窗点亮的光字牌：

同小荷 2290 线。

2. 一次设备现场设备动作情况

(1) 水城线 5012 开关三相均处于分闸位置。

(2) 水城线 5013 开关三相均处于分闸位置。

(3) 水城 5168 线 C 相引线断落，在水城线 50122TA 与 50122 刀闸之间的区域，各相间有明显短路痕迹。

3. 保护动作情况

(1) 在水城 5168 线第一套线路保护屏，分相电流差动保护 P546 面板上 ALARM（报警指示，黄色）灯闪烁，TRIP（跳闸指示，红色）灯亮，A 相差动、B 相差动、C 相差动动作指示灯亮。

装置液晶界面上主要保护动作信息有：

- ［时间］
- Started phase ABC（过流元件启动相别）
- Trip phase ABC（跳闸相别）
- Current diff start（启动元件为差动元件）
- Current diff trip intertrip（差动联跳）
- Fault duration［数值］（故障持续时间）
- CB operate time［数值］（开关动作时间）
- Fault location［数值］（故障测距）
- IA local［数值］（本侧电流）
- IB local［数值］（本侧电流）
- IC local［数值］（本侧电流）
- IA remote［数值］（对侧电流）
- IB remote［数值］（对侧电流）
- IC remote［数值］（对侧电流）
- IA differential［数值］（A 相差流值）
- IB differential［数值］（B 相差流值）

- IC differential［数值］（C 相差流值）
- IA bias［数值］（制动电流）
- IB bias［数值］（制动电流）
- IC bias［数值］（制动电流）

（2）在水城 5168 线第一套线路保护屏，后备距离保护 P443 面板上 ALARM（报警指示，黄色）灯闪烁，TRIP（跳闸指示，红色）灯亮，A 相跳闸、B 相跳闸、C 相跳闸、距离Ⅰ段动作指示灯亮。

装置液晶界面上主要保护动作信息有：

- ［时间］
- Start phase ABC（过流元件启动相别）
- Trip phase ABC（跳闸相别）
- Distance Start Z1 Z2 Z3（距离Ⅰ、Ⅱ、Ⅲ段启动）
- Distance trip Z1（距离Ⅰ段动作出口）
- Earth fault start IN＞1（反时限零流启动）
- Fault duration［数值］（故障持续时间）
- CB operate time［数值］（开关动作时间）
- Fault location［数值］（故障测距）

（3）在水城 5168 线第一套线路保护屏上部：

1）水城 5168 线第一套保护跳 5013 开关 A 相出口继电器 CKJ1 掉牌；

2）水城 5168 线第一套保护跳 5013 开关 B 相出口继电器 CKJ2 掉牌；

3）水城 5168 线第一套保护跳 5013 开关 C 相出口继电器 CKJ3 掉牌；

4）水城 5168 线第一套保护跳 5012 开关 A 相出口继电器 CKJ4 掉牌；

5）水城 5168 线第一套保护跳 5012 开关 B 相出口继电器 CKJ5 掉牌；

6）水城 5168 线第一套保护跳 5012 开关 C 相出口继电器 CKJ6 掉牌。

（4）在水城 5168 线第一套线路保护屏屏后：

1）分相电流差动保护 C 跳信号继电器 AUX1 掉牌；

2）分相电流差动保护 C 跳信号继电器 AUX2 掉牌；

3）分相电流差动保护 C 跳信号继电器 AUX3 掉牌；

4）分相电流差动保护动作信号继电器 AUX4 掉牌；

5）后备距离保护 C 跳信号继电器 Y2 掉牌；

6）后备距离保护 C 跳信号继电器 Y3 掉牌；

7）后备距离保护 C 跳信号继电器 Y4 掉牌；

8）后备距离保护动作信号继电器 Y8 掉牌。

（5）在水城 5168 线第二套保护屏，现象同第一套。

（6）在水城线 5012 开关保护屏，开关保护 REC670 面板上 Start 黄灯亮，Trip 红灯亮，A 相跳闸、B 相跳闸、C 相跳闸红灯亮，重合闸被闭锁黄灯亮。

装置液晶界面上主要保护动作信息有：

- TRIP-TRIP（保护装置总跳闸）
- TRIP-TRL1（保护动作跳 A 相）
- TRIP-TRL2（保护动作跳 B 相）
- TRIP-TRL3（保护动作跳 C 相）
- BFP-TRRETL1（失灵保护 A 相重跳）
- BFP-TRRETL2（失灵保护 B 相重跳）
- BFP-TRRETL3（失灵保护 C 相重跳）
- LP-BLOCK-AR（线路保护闭锁重合闸）
- 2/3-PH-TRRET（两相或三相跳）
- RETRIP-A（外部启动 A 相跳闸）
- RETRIP-B（外部启动 B 相跳闸）
- RETRIP-C（外部启动 C 相跳闸）

（7）在水城线 5013 开关保护屏，REC670 现象同水城线 5012 开关保护屏。

（8）在水城线 5012 开关测控屏，操作箱 FCX-22HP 面板上：

1）跳 AⅠ、跳 BⅠ、跳 CⅠ、跳 AⅡ、跳 BⅡ、跳 CⅡ指示灯亮；

2）跳位 A、跳位 B、跳位 C 指示灯亮；

3）合位 AⅠ、合位 BⅠ、合位 CⅠ、合位 AⅡ、合位 BⅡ、合位 CⅡ指示灯灭。

（9）在水城线 5013 开关测控屏，FCX-22HP 现象同水城线 5012 开关测控屏。

4. 故障录波器动作情况

500kV 1 号故障录波器屏嵌入式录波单元录波指示灯亮，有录波文件。

五、主要处理步骤

（1）记录时间，消除音响。

（2）在故障后 5min 内，值长将收集的开关跳闸等情况简要汇报国调分中心。

（3）记录光字牌并核对正确后复归。

（4）根据所跳开关及监控后台信号等，初步判断故障范围。

（5）派一组运维人员到一次设备现场实地检查水城线 5012 开关、水城线 5013 开关三相实际位置及外观、SF$_6$ 气体压力、液压机构压力等情况，并检查水城 5168 线路保护范围内其他一次设备。

（6）派另一组运维人员到二次设备现场检查保护动作情况，记录保护动作信号并核对正确后复归各保护及其信号，打印故障录波并分析。

（7）根据保护动作信号及现场一次设备检查情况，判断为水城 5168 线进线处 C 相引线断落在水城线 50122TA 与 50122 刀闸之间，造成三相短路（有明显短路痕迹）。水城 5168 线第一、二套分相电流差动及后备距离Ⅰ段保护动作跳开水城线 5012 开关、水城线 5013 开关三相，并闭锁开关重合闸。

(8) 在故障后 15min 内，值长将故障详情汇报国调分中心，并汇报省调、地调及站部管理人员。

(9) 根据国调分中心发令隔离故障点及处理：

1）水城线 5012 开关从热备用改为开关检修；

2）水城线 5013 开关从热备用改为冷备用；

3）水城 5168 线从冷备用改为线路检修。

(10) 做好记录，上报缺陷等。

［案例10］ 春城 5107 线故障时线路保护拒动

一、春城 5107 线设备配置及主要定值

1. 一次设备配置

(1) 春城线 5082 开关、5083 开关采用 3AT3-EI。

(2) 春城线 50832 刀闸采用 PR51-MM40。

(3) 春城线 50831 刀闸、50822 刀闸采用 TR53-MM40。

2. 二次设备配置

(1) 春城 5107 线的两套线路保护均采用 ABB 公司的 RED670 型保护，包括分相电流差动保护、后备距离保护、反时限方向零序电流保护、过电压保护及远方跳闸功能。

(2) 春城 5082 开关、5083 开关的开关保护均采用 ABB 公司的 REC670 型保护。

(3) 春城 5107 线对侧两套线路保护均采用 ABB 公司的 RED670 型保护，与本侧一致。

(4) 2 号主变配置两套 RET670 型保护。

(5) 3 号主变配置两套 RCS-978C 型保护。

3. 主要定值及其说明

(1) 春城 5107 线的线路全长 124.667km，正序电阻 0.0117Ω/km，正序电抗 0.2686Ω/km。

(2) 春城 5107 线距离Ⅱ段正序阻抗 Z1Z2 定值为 46.9Ω，距离Ⅱ段零序阻抗 Z0Z2 定值为 127.7Ω，距离Ⅱ段相间故障电阻 RFPP 定值为 11.8Ω，距离Ⅱ段相间接地故障电阻 RFPE 定值为 8.0Ω。

(3) 春城 5107 线对侧线路保护的距离Ⅱ段的整定值与本侧一致。

(4) 2 号主变第一套 RET670 保护的 500kV 距离Ⅰ段停用，500kV 距离Ⅱ段 ZM03、ZM04 元件的整定值请参考案例 5。

(5) 2 号主变第二套 RET670 保护的 220kV 距离Ⅰ段停用，220kV 距离Ⅱ段 ZM03、ZM04 元件的整定值请参考案例 5。

（6）3 号主变第一套、第二套 RCS-978C 保护的 500kV 距离 I 段、220kV 距离 I 段停用；500kV 距离 II 段、220kV 距离 II 段的整定值如表 3-1 所示。

表 3-1   3 号主变差动保护（RCS-978C）整定单（部分，两套相同）

保护名称	测量元件	整定值		说明
500kV 距离	阻抗 II 段正向定值	31.29Ω		相间距离跳各侧
	阻抗 II 段反向定值	3.13Ω		
	阻抗 II 段时限	$2s^{0,2}$	$1s^1$	
	阻抗 II 段控制字	000FH		
220kV 距离	阻抗 II 段正向定值	14.18Ω		相间距离跳各侧
	阻抗 II 段反向定值	5.45Ω		
	阻抗 II 段时限	$2s^{0,1}$	$1s^2$	
	阻抗 II 段控制字	000FH		

注（1）500kV 距离保护正方向指向变压器；定值均为二次值；距离保护 I 段停用，II 段动作跳主变各侧。正常时用定值区 0；当 500kV 母线差动保护停用时，将 500kV 距离保护 II 段时间改为 1s，用定值区 1。
（2）220kV 距离保护正方向指向变压器；定值均为二次值；距离保护 I 段停用，II 段动作跳主变各侧，正常时用定值区 0；当 220kV 母线差动保护停用时，将 220kV 距离保护 II 段时间改为 1s，用定值区 2。

二、前置要点分析

1. RED670 型保护信号状态

RED670 型保护是集保护、控制、监视于一体的智能化装置，如图 3-9 所示。左图上部左侧是试验部件 1SK，接入保护所需的线路保护和电流、线路电压；下部左侧是跳闸试验部件 1LP、2LP，接入保护动作出口回路，如表 3-2 所示。

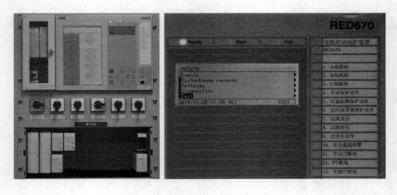

图 3-9　RED670 型保护面板

表 3-2   RED670 型保护跳闸试验部件功能列表

RD51.U17.101.101 春城 5107 线第一套保护 1LP 跳闸试验部件		RD51.U17.101.103 春城 5107 线第二套保护 1LP 跳闸试验部件	
序号	功能	序号	功能
2	跳 5051 开关 A 相 TC1	2	跳 5052 开关 A 相 TC1
3	跳 5051 开关 B 相 TC1	3	跳 5052 开关 B 相 TC1

序号	功能	序号	功能
RD51.U17.101.101 春城5107线第一套保护1LP跳闸试验部件		RD51.U17.101.103 春城5107线第二套保护1LP跳闸试验部件	
4	跳5051开关C相TC1	4	跳5052开关C相TC1
5	A相启动5051开关失灵	5	A相启动5052开关失灵
6	B相启动5051开关失灵	6	B相启动5052开关失灵
7	C相启动5051开关失灵	7	C相启动5052开关失灵
8	启动5051开关重合闸	8	启动5052开关重合闸
9	闭锁5051开关重合闸	9	闭锁5052开关重合闸

注 序号中未列的部分为备用。

RED670线路保护的信号状态是指在保护正常运行状态下，插入1LP跳闸试验部件RD51.U17.101.101闭锁插把和2LP跳闸试验部件RD51.U17.101.103闭锁插把，即闭锁所有保护出口。

2. 线路保护直流电源

春城5107线的两套线路保护的直流电源来自54小室直流馈线屏，如图3-10所示。

每套线路保护均采用独立的110V直流电源，各保护屏内分别经直流电源小开关1DK引至RED670保护。若某套保护的1DK跳闸，则正常运行时励磁的直流电源监视继电器1JJ将失磁掉牌。1JJ有两个线圈，下部的掉牌也是分开的，但同时动作、同时复归，如图3-11所示。

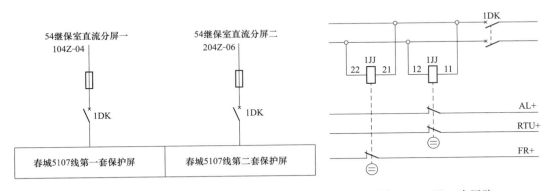

图3-10 春城5107线保护直流电源　　图3-11 1JJ二次回路

除此之外，RED670装置本身还有一个电源开关2DK。如图3-9所示，2DK位于左图的左下部位置。

三、事故前运行工况

晴天，气温25℃。全站处于正常运行方式，但春城5107线第一套分相电流差动保护正在检修（该保护处于信号状态）。

四、主要事故现象

1. 后台监控现象

(1) 监控系统事故音响、预告音响响。

(2) 在主接线及间隔监控分画面上，事故涉及开关的状态发生变化。

1) 在 500kV 第四串分画面上，2 号主变 5041 开关、2 号主变/青城线 5042 开关三相跳闸，绿灯闪光；

2) 在 2 号主变 220kV 侧分画面上，2 号主变 2602 开关三相跳闸，绿灯闪光；

3) 在 2 号主变 35kV 侧分画面上，2 号主变 3520 开关三相跳闸，绿灯闪光；

4) 在 500kV 第六串分画面上，3 号主变 5061 开关、5062 开关三相跳闸，绿灯闪光；

5) 在 2 号主变 220kV 侧分画面上，3 号主变 2603 开关三相跳闸，绿灯闪光；

6) 在 2 号主变 35kV 侧分画面上，3 号主变 3530 开关三相跳闸，绿灯闪光；

7) 在站用电分画面上，1 号、2 号站用变低压开关跳闸，绿灯闪光；0 号站用变 1 号、2 号备用分支开关备自投动作合闸成功，红灯闪光。

(3) 潮流发生变化。

1) 500kV Ⅰ、Ⅱ母线电压、频率为零；

2) 绿城 5167 线、水城 5168 线、山城 5170 线、青城 5169 线、华城 5108 线、春城 5107 线、2 号主变、3 号主变潮流为零。

(4) 在相关间隔的光字窗中，有光字牌被点亮。

2 号主变光字窗点亮的光字牌：

1) 500kV 侧距离保护动作；

2) 主变保护出口继电器未复归；

3) 220kV 侧距离保护动作；

4) 380V 电源消失；

5) AC 控制电源故障；

6) 电源Ⅰ故障；

7) 电源Ⅱ故障；

8) 冷却器全停。

2 号主变 5041 开关光字窗点亮的光字牌：

1) 单元事故总信号；

2) 保护总跳闸；

3) 启动失灵三相跳闸动作；

4) 2 号主变 500kV 侧电能表主/副表 TV 失压报警。

2 号主变/青城线 5042 开关光字窗点亮的光字牌：

1) 单元事故总信号；

2) 保护总跳闸；

3）重合闸装置停用/闭锁。

2 号主变 2602 开关光字窗点亮的光字牌：

1）单元事故总信号；

2）电能表主/副表 TV 失压报警。

2 号主变 3520 开关光字窗点亮的光字牌：

单元事故总信号。

3 号主变光字窗点亮的光字牌：

1）第一套后备保护动作；

2）第二套后备保护动作；

3）第一套保护 5061 开关 LOCKOUT 动作；

4）第二套保护 5061 开关 LOCKOUT 动作；

5）第一套保护 5062 开关 LOCKOUT 动作；

6）第二套保护 5062 开关 LOCKOUT 动作；

7）第一套 RCS-978C 保护装置报警；

8）第二套 RCS-978C 保护装置报警；

9）380V 电源消失；

10）AC 控制电源故障；

11）总控 PLC 电源 I 故障；

12）总控 PLC 电源 II 故障；

13）A 相分控箱电源故障；

14）B 相分控箱电源故障；

15）C 相分控箱电源故障；

16）A/B/C 三相分控 PLC 电源 I 故障；

17）A/B/C 三相分控 PLC 电源 II 故障。

3 号主变 5061 开关光字窗点亮的光字牌：

1）单元事故总信号；

2）主变/母差保护三相跳闸启动失灵开入；

3）失灵保护 A 相瞬时重跳动作；

4）失灵保护 B 相瞬时重跳动作；

5）失灵保护 C 相瞬时重跳动作；

6）3 号主变 500kV 侧电能表主/副表 TV 失压报警。

3 号主变 5062 开关光字窗点亮的光字牌：

1）单元事故总信号；

2）主变/母差保护三相跳闸起动失灵开入；

3）失灵保护 A 相瞬时重跳动作；

4）失灵保护 B 相瞬时重跳动作；

5) 失灵保护 C 相瞬时重跳动作。

3 号主变 2603 开关光字窗点亮的光字牌：

1) 单元事故总信号；

2) 电能表主表 TV 失压报警；

3) 电能表副表 TV 失压报警。

3 号主变 3530 开关光字窗点亮的光字牌：

单元事故总信号。

水城线 5013 开关光字窗点亮的光字牌：

水城 5168 线电能表 TV 失压报警。

绿城线 5031 开关光字窗点亮的光字牌：

绿城 5167 线电能表 TV 失压报警。

山城线 5033 开关光字窗点亮的光字牌：

山城 5170 线电能表 TV 失压报警。

青城线 5043 开关光字窗点亮的光字牌：

青城 5169 线电能表 TV 失压报警。

华城线 5051 开关光字窗点亮的光字牌：

华城 5108 线电能表 TV 失压报警。

春城线 5083 开关光字窗点亮的光字牌：

春城 5107 线电能表 TV 失压报警。

绿城 5167 线光字窗点亮的光字牌：

1) 第一套分相电流差动/后备距离保护装置 TV 断线；

2) 第二套分相电流差动/后备距离保护装置 TV 断线。

水城 5168 线光字窗点亮的光字牌：

同绿城 5167 线。

山城 5170 线光字窗点亮的光字牌：

同绿城 5167 线。

青城 5169 线光字窗点亮的光字牌：

同绿城 5167 线。

春城 5107 线光字窗点亮的光字牌：

1) 第一套保护 A 相跳闸；

2) 第一套保护 B 相跳闸；

3) 第一套保护 C 相跳闸；

4) 第一套分相电流差动保护动作；

5) 第一套后备距离保护动作；

6) 第一套线路保护装置 TA/TV 断线；

7) 第二套线路保护直流电源消失。

华城 5108 线光字窗点亮的光字牌：

1）第一套线路保护装置 TA/TV 断线；

2）第二套线路保护装置 TA/TV 断线。

220kV 正母Ⅰ段光字窗点亮的光字牌：

1）220kV 正母Ⅰ段 TV 失压；

2）220kV 第一套母差保护 TV 断线/复合电压闭锁开放；

3）220kV 第一套母差保护开入变位/异常；

4）220kV 第二套母差保护 TV 断线/复合电压闭锁开放；

5）220kV 第二套母差保护开入变位/异常；

6）220kV 1 号故障录波器动作；

7）220kV 2 号故障录波器动作。

220kV 副母Ⅰ段光字窗点亮的光字牌：

220kV 副母Ⅰ段 TV 失压。

220kV 正母Ⅱ段光字窗点亮的光字牌：

220kV 正母Ⅱ段 TV 失压；

220kV 副母Ⅱ段光字窗点亮的光字牌：

220kV 副母Ⅱ段 TV 失压。

35kVⅡ母光字窗点亮的光字牌：

35kVⅡ母 TV 失压。

35kVⅢ母光字窗点亮的光字牌：

35kVⅢ母 TV 失压。

0 号站用变 1 光字窗点亮的光字牌：

0 号站用变 1 号备用分支开关备自投动作。

0 号站用变 2 光字窗点亮的光字牌：

0 号站用变 2 号备用分支开关备自投动作。

1 号站用变光字窗点亮的光字牌：

1）单元事故总信号；

2）保护装置告警/呼唤。

2 号站用变光字窗点亮的光字牌：

1）单元事故总信号；

2）保护装置告警/呼唤。

220kV 正母Ⅰ段光字窗点亮的光字牌：

1）220kV 1 号故障录波器动作；

2）220kV 2 号故障录波器动作。

500kV 公用测控 1 光字窗点亮的光字牌：

1）500kV 母线故障录波器启动；

2) 500kV 1 号故障录波器启动；

3) 500kV 2 号故障录波器启动。

500kV 公用测控 2 光字窗点亮的光字牌：

1) 500kV 3 号故障录波器启动；

2) 500kV 4 号故障录波器启动。

35kV 公用测控光字窗点亮的光字牌：

主变故障录波器启动。

小荷 2290 线光字窗点亮的光字牌：

1) 第一套高频保护收发信机动作；

2) 第二套高频保护收发信机动作。

小江 2289 线光字窗点亮的光字牌：

同小荷 2290 线。

2. 一次设备现场设备动作情况

(1) 2 号主变 5041 开关三相均处于分闸位置。

(2) 2 号主变/青城线 5042 开关三相均处于分闸位置。

(3) 2 号主变 2602 开关三相均处于分闸位置。

(4) 2 号主变 3520 开关三相均处于分闸位置。

(5) 3 号主变 5061 开关三相均处于分闸位置。

(6) 3 号主变 5062 开关三相均处于分闸位置。

(7) 3 号主变 2603 开关三相均处于分闸位置。

(8) 3 号主变 3530 开关三相均处于分闸位置。

(9) 其余 500kV 开关均处于三相合闸位置。

3. 保护动作情况

(1) 在春城 5107 线第一套保护屏，线路保护 RED670 面板上状态指示灯 Ready、Start、Trip 亮，告警指示灯 A 相跳闸、B 相跳闸、C 相跳闸、差动保护动作、后备距离动作亮。

装置液晶界面上主要保护动作信息有：

- TRP1-TRIP（保护装置总跳闸）
- TRP1-TRL1（保护动作跳 A 相）
- TRP1-TRL2（保护动作跳 B 相）
- TRP1-TRL3（保护动作跳 C 相）
- TRP1-TR3P（保护动作跳三相）
- LDS-TRIP（差动保护动作）
- LDL-TRL1（差动保护动作跳 A 相）
- LDL-TRL2（差动保护动作跳 B 相）
- LDL-TRL3（差动保护动作跳 C 相）

- ZM1-TRIP（距离保护Ⅰ段动作）
- STBFP-L1（起动 A 相失灵）
- STBFP-L2（起动 B 相失灵）
- STBFP-L3（起动 C 相失灵）
- ZM2-STND（无方向距离Ⅱ段启动）
- BLOCK-AR（闭锁重合闸）
- TEF-TRIN1（零流保护Ⅰ段动作）
- TEF-START（零流保护启动）
- LINE-CLSED（断路器合位）
- ZM1-TRL1（距离Ⅰ段跳 A 相）
- ZM1-TRL2（距离Ⅰ段跳 B 相）
- ZM1-TRL3（距离Ⅰ段跳 C 相）
- ZM1-START（距离Ⅰ段启动）
- ZM2-START（距离Ⅱ段启动）
- ZM3-START（距离Ⅲ段启动）
- GFP-STL1（选相元件 A 相正方向启动信号）
- GFP-STL2（选相元件 B 相正方向启动信号）
- GFP-STL3（选相元件 C 相正方向启动信号）
- GFP-STPE（选相元件接地正方向启动信号）
- CB1-CLS-A（5082 断路器 A 相合位）
- CB1-CLS-B（5082 断路器 B 相合位）
- CB1-CLS-C（5082 断路器 C 相合位）
- CB2-CLS-A（5083 断路器 A 相合位）
- CB2-CLS-B（5083 断路器 B 相合位）
- CB2-CLS-C（5083 断路器 C 相合位）

（2）在春城 5107 线第二套保护屏，直流电源监视继电器 1JJ 失磁掉牌；在屏后，保护直流电源小开关 1DK 跳开，第二套分相电流差动保护（包括后备距离保护）失去直流电源而拒动。第二套分相电流差动保护 RED670 面板上的液晶、LED 灯均灭。

（3）在 2 号主变第一套/本体保护屏，主变保护 RET670 面板上状态指示灯 Ready、Start、Trip 亮，告警指示灯 500kV 侧距离动作亮。

装置液晶界面上主要保护动作信息有：

- ZM2_TRIP（500kV 侧距离Ⅱ段动作）
- ZM2_START（500kV 侧距离Ⅱ段启动）
- TRIP_HVCB（保护跳高压侧开关）
- TRIP_MVCB（保护跳中压侧开关）

- TRIP_LVCB（保护跳低压侧开关）

（4）在 2 号主变第一套/本体保护屏：

1）2 号主变第一套保护跳 500kV 开关 TC1 自保持继电器 RC41. U25. 101. 113 动作；

2）2 号主变第一套保护跳 500kV 开关 TC2 自保持继电器 RC41. U25. 101. 313 动作；

3）2 号主变第一套保护跳 220kV 开关自保持继电器 RC41. U25. 125. 113 动作；

4）2 号主变第一套保护跳 35kV 开关自保持继电器 RC41. U25. 125. 313 动作。

（5）在 2 号主变第二套保护屏，主变保护 RET670 面板上状态指示灯 Ready、Start、Trip 亮，告警指示灯 220kV 侧距离动作亮。

装置液晶界面上主要保护动作信息有：

- ZM2_TRIP（220kV 侧距离Ⅱ段动作）
- ZM2_START（220kV 侧距离Ⅱ段启动）
- TRIP_HVCB（保护跳高压侧开关）
- TRIP_MVCB（保护跳中压侧开关）
- TRIP_LVCB（保护跳低压侧开关）

（6）在 2 号主变第二套保护屏：

1）2 号主变第二套保护跳 500kV 开关 TC2 自保持继电器 RC42. U21. 101. 313 动作；

2）2 号主变第二套保护跳 220kV 开关自保持继电器 RC42. U21. 125. 113 动作；

3）2 号主变第二套保护跳 35kV 开关自保持继电器 RC42. U21. 125. 313 动作。

（7）在 3 号主变第一套保护屏，主变保护 RCS-978C 面板上跳闸信号灯亮。

装置液晶界面上主要保护动作信息有：

- 管理板Ⅰ侧后备保护启动
- 管理板Ⅱ侧后备保护启动
- Ⅰ侧 AB 阻抗 T2
- Ⅱ侧 AB 阻抗 T2

（8）在 3 号主变第一套保护屏，操作继电器箱 CJX-02 面板上：

1）5061 开关的 LOCKOUT 出口继电器动作，红灯亮。

2）5062 开关的 LOCKOUT 出口继电器动作，红灯亮。

（9）在 3 号主变第二套保护屏，主变保护 RCS-978C 面板上跳闸信号灯亮。

装置液晶界面上主要保护动作信息有：

- 管理板Ⅰ侧后备保护启动
- 管理板Ⅱ侧后备保护启动
- Ⅰ侧 AB 阻抗 T2
- Ⅱ侧 AB 阻抗 T2

（10）在 3 号主变第二套保护屏，CJX-02 现象同第一套。

（11）在 2 号主变 5041 开关保护屏，开关保护 REC670 面板上 Start 黄灯亮，Trip 红灯亮，A 相跳闸、B 相跳闸、C 相跳闸红灯亮。

装置液晶界面上主要保护动作信息有：

- TRIP-TRIP（保护装置总跳闸）
- TRIP-TRL1（保护动作跳 A 相）
- TRIP-TRL2（保护动作跳 B 相）
- TRIP-TRL3（保护动作跳 C 相）
- BFP-TRRETL1（失灵保护 A 相重跳）
- BFP-TRRETL2（失灵保护 B 相重跳）
- BFP-TRRETL3（失灵保护 C 相重跳）
- 2/3-PH-TRRET（两相或三相跳）
- RETRIP-A（外部启动 A 相跳闸）
- RETRIP-B（外部启动 B 相跳闸）
- RETRIP-C（外部启动 C 相跳闸）

（12）在 2 号主变/青城线 5042 开关保护屏，开关保护 REC670 面板上 Start 黄灯亮，Trip 红灯亮，A 相跳闸、B 相跳闸、C 相跳闸红灯亮，重合闸被闭锁黄灯亮。

装置液晶界面上主要保护动作信息有：

- TRIP-TRIP（保护装置总跳闸）
- TRIP-TRL1（保护动作跳 A 相）
- TRIP-TRL2（保护动作跳 B 相）
- TRIP-TRL3（保护动作跳 C 相）
- BFP-TRRETL1（失灵保护 A 相重跳）
- BFP-TRRETL2（失灵保护 B 相重跳）
- BFP-TRRETL3（失灵保护 C 相重跳）
- 2/3-PH-TRRET（两相或三相跳）
- RETRIP-A（外部启动 A 相跳闸）
- RETRIP-B（外部启动 B 相跳闸）
- RETRIP-C（外部启动 C 相跳闸）

（13）在 3 号主变 5061 开关保护屏，开关保护 RCS-921A 面板上跳 A、跳 B、跳 C 灯亮。

装置液晶界面上主要保护动作信息有：

- A 相跟跳
- B 相跟跳
- C 相跟跳

（14）在 3 号主变 5062 开关保护屏，RCS-921A 现象同 3 号主变 5061 开关保护屏。

（15）在 2 号主变 5041 开关测控屏，操作箱 FCX-22HP 面板上：

1）跳 AⅠ、跳 BⅠ、跳 CⅠ、跳 AⅡ、跳 BⅡ、跳 CⅡ指示灯亮；

2）跳位 A、跳位 B、跳位 C 指示灯亮；

3）合位 AⅠ、合位 BⅠ、合位 CⅠ、合位 AⅡ、合位 BⅡ、合位 CⅡ指示灯灭。

（16）在 2 号主变/青城线 5042 开关测控屏，FCX-22HP 现象同 2 号主变 5041 开关测控屏。

（17）在 3 号主变 5061 开关测控屏，FCX-22HP 现象同 2 号主变 5041 开关测控屏。

（18）在 3 号主变 5062 开关测控屏，FCX-22HP 现象同 2 号主变 5041 开关测控屏。

（19）在 0 号站用变 380VⅠ段进线开关柜，0 号站用变 1 号备用分支开关 01ZK 备自投动作信号继电器掉牌。

（20）在 0 号站用变 380VⅡ段进线开关柜，0 号站用变 2 号备用分支开关 02ZK 备自投动作信号继电器掉牌。

4. 故障录波器动作情况

（1）220kV 1、2 号故障录波器嵌入式录波单元录波指示灯亮，有录波文件。

（2）500kV 1～4 号故障录波器嵌入式录波单元录波指示灯亮，有录波文件。

（3）主变故障录波器嵌入式录波单元录波指示灯亮，有录波文件。

五、主要处理步骤

（1）记录时间，消除音响。

（2）在故障后 5min 内，值长将收集的开关跳闸、母线失压、主变全停等情况简要汇报国调分中心。

（3）记录光字牌并核对正确后复归。

（4）根据所跳开关及监控后台信号等，初步判断故障范围。

（5）派一组运维人员到一次设备现场实地检查开关跳闸情况及设备运行情况，检查是否有明显的故障点等。

（6）派另一组运维人员到二次设备现场检查保护动作情况，记录保护动作信号并核对正确后复归各保护及其信号，打印故障录波并分析。

（7）根据保护动作信号及现场一次设备检查情况，判断为在春城 5107 线第一套分相电流差动保护投信号状态下，春城 5107 线发生近区 AB 相间故障，因第二套分相电流差动保护（包括后备距离保护）直流消失而拒动，使春城 5107 线、华城 5108 线、绿城 5167 线、水城 5168 线、青城 5169 线、山城 5170 线对侧线路后备距离保护Ⅱ段动作跳闸，2 号、3 号主变后备保护动作使 2 号、3 号主变三侧开关跳闸，造成 500kV 系统全停。

（8）在故障后 15min 内，值长将故障详情汇报国调分中心，并汇报省调、地调及站部管理人员。

（9）要求县调确保城变 3639 线正常供电。

（10）根据调度要求，将春城 5107 线改为冷备用，尽快恢复 500kVⅠ、Ⅱ母线运行，恢复各出线及 2 号、3 号主变三侧正常运行。

（11）试合春城 5107 线第二套保护直流电源小开关 1DK。

（12）做好记录，上报缺陷等。

六、补充说明

试合春城 5107 线第二套保护直流电源小开关 1DK 时，若试合不成功，则第二套分相电流差动保护改为信号。

思 考 题

（1）3AT2-EI 开关液压机构的主要压力定值有哪些？

（2）3AT2-EI 开关的"油泵打压超时"信号逻辑是如何构成的？

（3）水城 5168 线的保护交流电压回路是如何构成的？

（4）水城 5168 线是如何从站外铁塔引接到站内的？

（5）单元事故总信号有什么作用？该信号是如何构成的？

（6）500kV 线路保护出口继电器 CKJ1～CKJ6 的线圈回路是如何构成的？

（7）春城 5107 线保护的直流电源是如何引接的？

（8）在案例 10 中，各 500kV 线路对侧是什么保护动作？为什么？

（9）在案例 10 中，2 号、3 号主变三侧开关为什么会跳闸？

第四章

500kV 主变故障案例分析

[案例 11]　2 号主变 35kV 侧独立 TA 主变侧引流线 AB 相间短路

一、2 号主变设备配置及主要定值

1. 一次设备配置

（1）2 号主变采用 ODFS-250MVA/500kV。

（2）2 号主变/青城线 5042 开关采用 3AT2-EI。

（3）2 号主变 5041 开关采用 HPL550B2。

（4）2 号主变 2602 开关采用 3AP1-FG。

（5）2 号主变 3520 开关采用 3AQ1-EG。

2. 二次设备配置

（1）2 号主变第一面保护屏配置 RET670 型第一套主变保护和 2 号主变本体保护。

（2）2 号主变第二面保护屏配置 RET670 型第二套主变保护和 2 号主变 2602 开关失灵保护。

3. 主要定值及其说明

（1）三侧差动保护 I_{dUnre}（差动速断保护定值）：$8.0I_b$。

（2）三侧差动保护 I_{dMin}（差动保护最小动作电流）：$0.50I_b$。

（3）零序差动保护差动动作电流：$50\%I_b$。

（4）I_b 为变压器的二次额定电流，一次值为 841A，二次值为 0.21A。

二、前置要点分析

1. 主变 35kV 侧独立 TA 引流线

主变 35kV 侧 TA 有两组，一组是 35kV 套管 TA，另一组则是独立 TA，如图 4-1 所示。独立 TA 的左侧母线是 35kV Ⅱ 段母线，右侧母线是 2 号主变的变压器母线。因此，2 号主变 35kV 侧独立 TA 引流线分为左右两组，左边一组连接 35kV Ⅱ 段母线，右边一组连接主变低压侧总开关，即 2 号主变 3520 开关。

需要注意，2 号主变的 35kV 侧独立 TA 右侧引流线上相间短路属于 2 号主变差动保护范围，可参见第九章［案例 28］的前置要点分析。

图 4-1 2 号主变 35kV 侧独立 TA 引流线

2. 2 号主变低抗及低容自动投切装置

2 号主变低抗及低容自动投切装置采用南京四方亿能公司的 CSS-542A 型装置（见

图 4-2），装置位于低抗/低容投切装置屏（一）上。该装置同时引入 2 号主变 500kV 侧两组 TV 的三相相电压，装置通过计算形成相间电压，并设 TV 回路断线监视，发生 TV 回路断线时闭锁装置自动投切。

图 4-2 CSS-542A 型低抗及电容器
自动投切装置

CSS-542A 面板上 5 个 LED 信号灯的具体信息说明如下：

运行/告警：绿灯常亮表示保护装置正常运行，红灯闪烁表示保护装置自检出内部故障。

切低抗：绿灯亮表示装置切低抗（包括瞬时、延时）功能投入，红灯亮表示切低抗（包括瞬时、延时）出口动作。

投低容：绿灯亮表示装置投低容（包括瞬时、延时）功能投入，红灯亮表示投低容（包括瞬时、延时）出口动作。

切低容：绿灯亮表示装置切低容（包括瞬时、延时）功能投入，红灯亮表示切低容（包括瞬时、延时）出口动作。

投低抗：绿灯亮表示装置投低抗（包括瞬时、延时）功能投入，红灯亮表示投低抗（包括瞬时、延时）出口动作。

三、事故前运行工况

台风，气温 28℃。全站处于正常运行方式，设备健康状况良好，未进行过检修。

四、主要事故现象

1. 监控后台现象

（1）监控系统事故音响、预告音响响。

（2）在主接线及间隔监控分画面上，事故涉及开关的状态发生变化。

1）在 500kV 第四串分画面上，2 号主变 5041 开关、2 号主变/青城线 5042 开关三相跳闸，绿灯闪光；

2）在 2 号主变 220kV 侧分画面上，2 号主变 2602 开关三相跳闸，绿灯闪光；

3）在 2 号主变 35kV 侧分画面上，2 号主变 3520 开关三相跳闸，绿灯闪光；

4）在站用电分画面上，1 号站用变低压侧开关 1ZK 跳闸，绿灯闪光；0 号站用变 1 号备用分支开关 01ZK 备自投动作合闸成功，红灯闪光。

（3）潮流发生变化：

1）2 号主变三侧潮流为零；

2）3 号主变三侧潮流增大；

3）35kV Ⅱ 母线电压、频率为零。

（4）在相关间隔的光字窗中，有光字牌被点亮。

500kV 公用测控 1 光字窗点亮的光字牌：

1）500kV 母线故障录波器启动；

2）500kV 1 号故障录波器启动；

3）500kV 2 号故障录波器启动。

500kV 公用测控 2 光字窗点亮的光字牌：

1）500kV 3 号故障录波器启动；

2）500kV 4 号故障录波器启动。

2 号主变光字窗点亮的光字牌：

1）第一套大差动保护动作；

2）第二套大差动保护动作；

3）主变保护出口继电器未复归；

4）第一套保护 TV 断线告警。

2 号主变 5041 开关光字窗点亮的光字牌：

1）单元事故总信号；

2）保护总跳闸；

3）启动失灵三相跳闸动作；

4）500kV 侧电能表主/副表 TV 失压报警。

2 号主变/青城线 5042 开关光字窗点亮的光字牌：

1）单元事故总信号；

2）保护总跳闸。

2 号主变 2602 开关光字窗点亮的光字牌：

单元事故总信号。

2 号主变 3520 开关光字窗点亮的光字牌：

单元事故总信号。

35kV Ⅱ 母线光字窗点亮的光字牌：

TV 失压。

1 号站用电光字窗点亮的光字牌：

单元事故总信号。

0 号站用变 1 光字窗点亮的光字牌：

0 号站用变 1 号备用分支开关备自投动作。

220kV 正母 Ⅰ 段光字窗点亮的光字牌：

1）220kV 1 号故障录波器启动；

2）220kV 2 号故障录波器启动。

35kV 公用测控光字窗点亮的光字牌：

1）主变故障录波器启动；

2）2 号主变低抗及电容器自动投切装置告警或呼唤。

小荷 2290 线光字窗点亮的光字牌：

1）第一套高频保护收发信机动作；

2）第二套高频保护收发信机动作。

小江 2289 线光字窗点亮的光字牌：

同小荷 2290 线。

2．一次设备现场设备动作情况

（1）2 号主变 5041 开关三相均处于分闸位置。

（2）2 号主变/青城线 5042 开关三相均处于分闸位置。

（3）2 号主变 2602 开关三相均处于分闸位置。

（4）2 号主变 3520 开关三相均处于分闸位置。

3．保护动作情况

（1）1 号站用变低压侧开关 1ZK 失压脱扣动作。

（2）0 号站用变 1 号备用分支开关 01ZK 备自投动作，信号继电器掉牌。

（3）在 2 号主变第一套/本体保护屏，主变保护 RET670 面板上状态指示灯 Ready、Start、Trip 均亮平光，告警指示灯第一套大差动动作亮红色、TV 断线亮黄色。

装置液晶界面上主要保护动作信息有：

- DIFF_TR（大差动保护动作）
- TR_UNRES（差动速断动作）
- DIFF_A_ST（差动保护 A 相启动）
- DIFF_B_ST（差动保护 B 相启动）
- FSD1-BLKZ（TV 断线信号）
- TRIP_HVCB（保护跳高压侧开关）
- TRIP_MV_CB（保护跳中压侧开关）
- TRIP_LVCB（保护跳低压侧开关）

（4）在 2 号主变第一套/本体保护屏：

1）2 号主变第一套保护跳 500kV 开关 TC1 自保持继电器 RC41.U25.101.113 动作；

2）2 号主变第一套保护跳 500kV 开关 TC2 自保持继电器 RC41.U25.101.313 动作；

3）2 号主变第一套保护跳 220kV 开关自保持继电器 RC41.U25.125.113 动作；

4）2 号主变第一套保护跳 35kV 开关自保持继电器 RC41.U25.125.313 动作。

（5）在 2 号主变第二套保护屏，主变保护 RET670 面板上状态指示灯 Ready、Start、Trip 均亮平光，告警指示灯第二套大差动动作亮红色。

装置液晶界面上主要保护动作信息有：

- DIFF_TR（大差动保护动作）
- TR_UNRES（差动速断动作）
- DIFF_A_ST（差动保护 A 相启动）
- DIFF_B_ST（差动保护 B 相启动）
- FSD1-BLKZ（TV 断线信号）
- TRIP_HVCB（保护跳高压侧开关）
- TRIP_MV_CB（保护跳中压侧开关）
- TRIP_LVCB（保护跳低压侧开关）

（6）在 2 号主变第二套保护屏：

1）2 号主变第二套保护跳 500kV 开关 TC2 自保持继电器 RC42.U21.101.313 动作；

2）2 号主变第二套保护跳 220kV 开关自保持继电器 RC42.U21.125.113 动作；

3）2 号主变第二套保护跳 35kV 开关自保持继电器 RC42.U21.125.313 动作。

（7）在低抗/低容投切装置屏（一），2 号主变低抗及低容自动投切装置液晶显示：TV 断线。

（8）在 2 号主变 5041 开关保护屏，开关保护 REC670 面板上 Start 黄灯亮，Trip 红灯亮，A 相跳闸、B 相跳闸、C 相跳闸红灯亮。

装置液晶界面上主要保护动作信息有：

- TRIP-TRIP（保护装置总跳闸）
- TRIP-TRL1（保护动作跳 A 相）
- TRIP-TRL2（保护动作跳 B 相）
- TRIP-TRL3（保护动作跳 C 相）
- BFP-TRRETL1（失灵保护 A 相重跳）
- BFP-TRRETL2（失灵保护 B 相重跳）
- BFP-TRRETL3（失灵保护 C 相重跳）
- 2/3-PH-TRRET（两相或三相跳）
- RETRIP-A（外部启动 A 相跳闸）
- RETRIP-B（外部启动 B 相跳闸）
- RETRIP-C（外部启动 C 相跳闸）

（9）在 2 号主变/青城线 5042 开关保护屏，开关保护 REC670 面板上 Start 黄灯亮，Trip 红灯亮，A 相跳闸、B 相跳闸、C 相跳闸红灯亮，重合闸被闭锁黄灯亮。

装置液晶界面上主要保护动作信息有：

- TRIP-TRIP（保护装置总跳闸）
- TRIP-TRL1（保护动作跳 A 相）
- TRIP-TRL2（保护动作跳 B 相）
- TRIP-TRL3（保护动作跳 C 相）
- BFP-TRRETL1（失灵保护 A 相重跳）
- BFP-TRRETL2（失灵保护 B 相重跳）
- BFP-TRRETL3（失灵保护 C 相重跳）
- 2/3-PH-TRRET（两相或三相跳）
- RETRIP-A（外部启动 A 相跳闸）
- RETRIP-B（外部启动 B 相跳闸）
- RETRIP-C（外部启动 C 相跳闸）
- BLOCK-AR（保护闭锁重合闸）

（10）在 2 号主变 5041 开关测控屏，操作箱 FCX-22HP 面板上：

1）跳 AⅠ、跳 BⅠ、跳 CⅠ、跳 AⅡ、跳 BⅡ、跳 CⅡ指示灯亮；

2）跳位 A、跳位 B、跳位 C 指示灯亮；

3）合位 BⅠ、合位 CⅠ、合位 AⅡ、合位 BⅡ、合位 CⅡ指示灯灭。

（11）在 2 号主变/青城线 5042 开关测控屏，FCX-22HP 现象同 2 号主变 5041 开关测控屏。

（12）在 2 号主变 220kV 侧测控屏，操作箱 PST-1212 面板上：

1）合闸位置Ⅰ、合闸位置Ⅱ指示灯灭；

2）跳闸位置指示灯亮；

3）Ⅰ跳闸启动、Ⅱ跳闸启动指示灯亮；

4）保护 1 跳闸、保护 2 跳闸指示灯亮。

（13）在 2 号主变本体及 35kV 侧测控屏，PST-1212 现象同 2 号主变 220kV 侧测控屏。

4．故障录波器动作情况

500kV 主变故障录波器嵌入式录波单元录波指示灯亮，有录波文件。

五、主要处理步骤

（1）记录时间，消除音响。

（2）在故障后 5min 内，值长将收集的开关跳闸、母线失压、主变全停等情况简要汇报调度。

（3）记录光字牌并核对正确后复归。

（4）根据所跳开关及监控后台信号等，初步判断故障范围。

（5）派一组运维人员到一次设备现场实地检查开关跳闸情况及设备运行情况，2号主变差动保护范围是否有明显的故障点等。

（6）派另一组运维人员到二次设备现场检查保护动作情况：

1）检查35继保室备用电源自投正常，380V I 段母线支路供电正常；

2）检查直流系统工作正常；

3）检查3号主变冷却器总控制箱电源工作正常；

4）检查51、52、53、54、220继保室站用电源进线分屏的380V I / II 段电源自动切换装置电源进线指示灯亮，常用电源开关在合位，备用电源开关在分位；

5）检查通信机房高频开关整流器组 I 组屏交流电压正常；

6）记录保护动作信号并核对正确后复归各保护及其信号，打印故障录波并分析。

（7）根据保护动作信号及现场一次设备检查情况，判断为在台风天气下易飘物引起2号主变35kV侧独立TA与2号主变3520开关之间的引流线AB相间短路，2号主变第一、第二套大差动保护动作跳开2号主变三侧开关，造成本站2号主变全停。

（8）监视3号主变负荷，过负荷时及时汇报调度采取措施限负荷。在故障后15min内，值长将故障详情汇报调度及站部管理人员。

（9）要求县调确保城变3639线正常供电。

（10）隔离故障点及处理：

1）1号站用变320开关从运行改为热备用；

2）2号主变2602开关从热备用改为冷备用；

3）2号主变3520开关从热备用改为冷备用；

4）2号主变/青城线5042开关从热备用改为冷备用；

5）2号主变5041开关从热备用改为冷备用；

6）2号主变从冷备用改为变压器检修。

（11）对3号主变进行特巡。

（12）做好记录，上报缺陷等。

六、补充说明

若事故跳闸前运行方式为2号主变1号、2号低抗为运行状态，则2号主变1号、2号低抗低流保护动作跳开2号主变1号低抗321、2号低抗322开关。

［案例12］ 3号主变C相铁芯发热烧损

一、3号主变设备配置及主要定值

1. 一次设备配置

（1）3号主变采用ODFPS-250000/500。

（2）3 号主变 5061 开关、3 号主变 5062 开关采用 LW10B-550W/CYT。

（3）3 号主变 2603 开关采用 3AP1-FG。

（4）3 号主变 3530 开关采用 3AQ1-EG。

2. 二次设备配置

（1）3 号主变第一面保护屏配置 RCS-978C 型第一套主变保护、CJX-02 型操作继电器箱和 RCS-9784A 型通信接口装置。

（2）3 号主变第二面保护屏配置 RCS-978C 型第二套主变保护、CJX-02 型操作继电器箱和 RCS-9784A 型通信接口装置。

（3）3 号主变第三面保护屏配置 RCS-974FG 型本体保护、CJX-02 型 3 号主变本体/开关失灵保护操作继电器箱和 RCS-923C 型 220kV 开关失灵保护。

3. 主要定值及其说明

（1）3 号主变本体重瓦斯定值：1.3～1.4m/s，作用于跳闸。

（2）3 号主变本体轻瓦斯定值：250cm³，作用于信号。

（3）3 号主变压力释放作用于信号。

（4）3 号主变突发压力继电器作用于发信。

（5）3 号主变油温过高定值 1：85℃，作用于发信。

（6）3 号主变油温过高定值 2：105℃，作用于发信。

（7）3 号主变冷却器全停定值：100℃，作用于发信。

二、前置要点分析

1. CJX-02 操作继电器箱中的磁保持继电器

CJX-02 操作继电器箱用于为保护装置提供扩展的 LOCKOUT 继电器插件。如图 4-3 所示，3 个 LOCKOUT 回路并联在一起，形成一组 LOCKOUT 回路。继电器均为磁保持继电器，如不通过 3 号主变本体/开关失灵保护 LOCKOUT 出口继电器复归按钮 81FA 复归，则继电器一直保持。

2. 跳闸出口启动 LOCKOUT 回路

如图 4-4 所示，3 号主变本体保护的跳闸出口包括 3 号主变本体重瓦斯起动跳闸、3 号主变油温高启动跳闸、3 号主变压力释放启动跳闸、3 号主变冷却器全停启动跳闸。

3 号主变相关开关失灵联跳主变三侧的跳闸出口包括 3 号主变 5061 开关失灵跳主变三侧开关、3 号主变 5062 开关失灵跳主变三侧开关、3 号主变 2603 开关失灵跳主变三侧开关。这些跳闸出口均启动 3 号主变 5061 开关、3 号主变 5062 开关的 LOCKOUT 回路，而中压侧、低压侧开关的跳闸出口则通过 TJ 继电器直接出口。

三、事故前运行工况

雷雨，气温 27℃。全站处于正常运行方式，设备健康状况良好，未进行过检修。

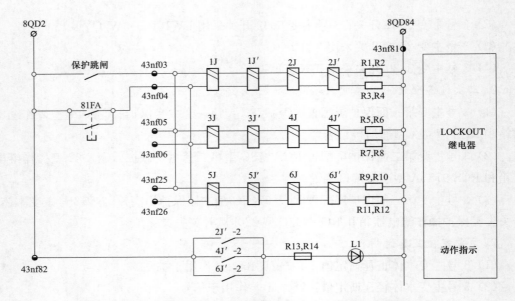

图 4-3　CJX-02 操作继电器箱 LOCKOUT 插件原理图

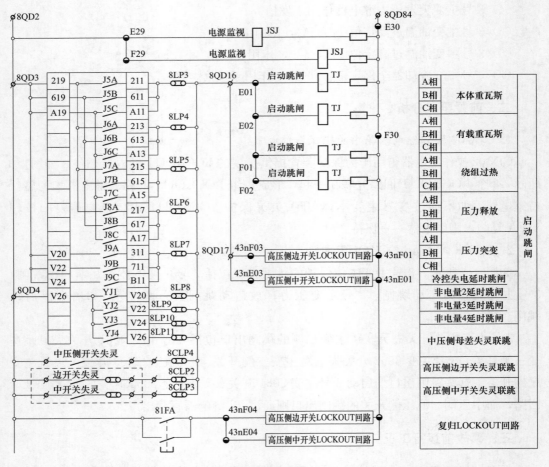

图 4-4　3 号主变本体保护及失灵保护跳闸出口启动 LOCKOUT 回路示意图

四、主要事故现象

1. 监控后台现象

（1）监控系统事故音响、预告音响响。

（2）在主接线及间隔监控分画面上，事故涉及开关的状态发生变化。

1）在 500kV 第六串分画面上，3 号主变 5061、3 号主变 5062 开关三相跳闸，绿灯闪光；

2）在 3 号主变 220kV 侧分画面上，3 号主变 2603 开关三相跳闸，绿灯闪光；

3）在 3 号主变 35kV 侧分画面上，3 号主变 3530 开关三相跳闸，绿灯闪光；

4）在站用电分画面上，2 号站用变低压侧开关 2ZK 跳闸，绿灯闪光；0 号站用变 2 号备用分支开关 02ZK 备自投动作合闸成功，红灯闪光。

（3）潮流发生变化：

1）3 号主变三侧潮流为零；

2）2 号主变三侧潮流增大；

3）35kVⅢ母线电压、频率为零。

（4）在相关间隔的光字窗中，有光字牌被点亮。

500kV 公用测控 1 光字窗点亮的光字牌：

1）500kV 母线故障录波器启动；

2）500kV 1 号故障录波器启动；

3）500kV 2 号故障录波器启动。

500kV 公用测控 2 光字窗点亮的光字牌：

1）500kV 3 号故障录波器启动；

2）500kV 4 号故障录波器启动。

3 号主变光字窗点亮的光字牌：

1）重瓦斯跳闸；

2）本体/开关失灵保护 5061 开关 LOCKOUT 动作；

3）本体/开关失灵保护 5062 开关 LOCKOUT 动作。

3 号主变 5061 开关光字窗点亮的光字牌：

1）单元事故总信号；

2）500kV 侧电能主/副表 TV 失压报警。

3 号主变 5062 开关光字窗点亮的光字牌：

单元事故总信号。

3 号主变 2603 开关光字窗点亮的光字牌：

单元事故总信号。

3 号主变 3530 开关光字窗点亮的光字牌：

单元事故总信号。

35kVⅢ母线光字窗点亮的光字牌：

TV 失压。

2 号站用电光字窗点亮的光字牌：

单元事故总信号。

0 号站用变 2 光字窗点亮的光字牌：

0 号站用变 2 号备用分支开关备自投动作。

220kV 正母Ⅰ段光字窗点亮的光字牌：

1）220kV 1 号故障录波器启动；

2）220kV 2 号故障录波器启动。

35kV 公用测控光字窗点亮的光字牌：

1）主变故障录波器起动；

2）3 号主变低抗及电容器自动投切装置告警或呼唤。

小荷 2290 线光字窗点亮的光字牌：

1）第一套高频保护收发信机动作；

2）第二套高频保护收发信机动作。

小江 2289 线光字窗点亮的光字牌：

同小荷 2290 线。

2. 一次设备现场设备动作情况

（1）3 号主变 5061 开关三相均处于分闸位置。

（2）3 号主变 5062 开关三相均处于分闸位置。

（3）3 号主变 2603 开关三相均处于分闸位置。

（4）3 号主变 3530 开关三相均处于分闸位置。

3. 保护动作情况

（1）2 号站用变低压侧开关 2ZK 失压脱扣动作。

（2）0 号站用变 2 号备用分支开关 02ZK 备自投动作信号继电器掉牌。

（3）在 3 号主变本体/220kV 开关失灵保护屏，RCS-974FG 面板上 C 相本体重瓦斯信号灯亮红色。

装置液晶界面上主要保护动作信息有：

• C 相本体重瓦斯

（4）在 3 号主变本体/220kV 开关失灵保护屏，3 号主变本体/开关失灵保护操作继电器箱 CJX-02 面板上：

1）5061 开关的 LOCKOUT 出口继电器动作，红灯亮；

2）5062 开关的 LOCKOUT 出口继电器动作，红灯亮。

（5）在低抗/低容投切装置屏（二），3 号主变低抗及低容自动投切装置液晶显示：TV 断线。

（6）在 3 号主变 5061 开关测控屏，操作箱 FCX-22HP 面板上：

1）跳 AⅠ、跳 BⅠ、跳 CⅠ、跳 AⅡ、跳 BⅡ、跳 CⅡ指示灯亮；

2）跳位 A、跳位 B、跳位 C 指示灯亮；

3）合位 AⅠ、合位 BⅠ、合位 CⅠ、合位 AⅡ、合位 BⅡ、合位 CⅡ指示灯灭。

（7）在 3 号主变 5062 开关测控屏，FCX-22HP 现象同 3 号主变 5061 开关测控屏。

（8）在 3 号主变 220kV 侧测控屏，操作箱 PST-1212 面板上：

1）合闸位置Ⅰ、合闸位置Ⅱ指示灯灭；

2）跳闸位置灯亮；

3）Ⅰ跳闸启动、Ⅱ跳闸启动指示灯亮；

4）保护 1 跳闸、保护 2 跳闸指示灯亮。

（9）在 3 号主变本体及 35kV 侧测控屏，PST-1212 现象同 3 号主变 220kV 侧测控屏。

4．故障录波器动作情况

500kV 主变故障录波器嵌入式录波单元录波指示灯亮，有录波文件。

五、主要处理步骤

（1）记录时间，消除音响。

（2）在故障后 5min 内，值长将收集的开关跳闸、母线失压、主变全停等情况简要汇报调度。

（3）记录光字牌并核对正确后复归。

（4）根据所跳开关及监控后台信号等，初步判断故障范围。

（5）派一组运维人员到一次设备现场实地检查开关跳闸情况及设备运行情况，3 号主变 C 相瓦斯保护范围内是否有明显的故障点等。

（6）派另一组运维人员到二次设备现场检查保护动作情况：

1）检查 35 继保室备用电源自投正常，380VⅡ段母线支路供电正常；

2）检查直流系统工作正常；

3）检查 2 号主变冷却器总控制箱电源工作正常；

4）检查 51、52、53、54、220 继保室站用电源进线分屏的 380VⅠ/Ⅱ段电源自动切换装置电源进线指示灯亮，常用电源开关在合位，备用电源开关在分位；

5）检查通信机房高频开关整流器组Ⅱ组屏交流电压正常；

6）记录保护动作信号并核对正确后复归各保护及其信号，打印故障录波并分析。

（7）根据保护动作信号及现场一次设备检查情况，判断为 3 号主变 C 相内部故障，3 号主变重瓦斯保护动作跳开 3 号主变三侧开关。

（8）监视 2 号主变负荷，过负荷时及时汇报调度采取措施限负荷。

（9）在故障后 15min 内，值长将故障详情汇报调度及站部管理人员。

（10）要求县调确保城变 3639 线正常供电。

（11）隔离故障点及处理：

1）2 号站用变 330 开关从运行改为热备用；

2）3 号主变 2603 开关从热备用改为冷备用；

3）3 号主变 3530 开关从热备用改为冷备用；

4）3 号主变 5062 开关从热备用改为冷备用；

5）3 号主变 5061 开关从热备用改为冷备用；

6）3 号主变从冷备用改为变压器检修。

（12）对 2 号主变进行特巡。

（13）做好记录，上报缺陷等。

六、补充说明

（1）若事故跳闸前运行方式为 3 号主变 3 号低容为运行，则 3 号主变 3 号低容欠压保护动作跳开 3 号主变 3 号低容 333 开关。

（2）若事故跳闸前运行方式为 3 号主变 1 号低抗、2 号低抗为运行，则 3 号主变 1 号低抗、2 号低抗低流保护动作跳开 3 号主变 1 号低抗 331、2 号低抗 332 开关。

［案例 13］ 2 号主变 3520 开关 SF₆ 总闭锁时，220kV A 相避雷器绝缘子闪络

一、2 号主变设备配置及主要定值

1. 一次设备配置

（1）2 号主变采用 ODFS-250MVA/500kV。

（2）2 号主变/青城线 5042 开关采用 3AT2-EI。

（3）2 号主变 5041 开关采用 HPL550B2。

（4）2 号主变 2602 开关采用 3AP1-FG。

（5）2 号主变 3520 开关采用 3AQ1-EG。

2. 二次设备配置

（1）2 号主变第一面保护屏配置 RET670 保护和 2 号主变本体保护。

（2）2 号主变第二面保护屏配置 RET670 保护和 2 号主变 2602 开关失灵保护。

3. 主要定值及其说明

（1）三侧差动保护 I_{dunre}（差动速断保护定值）：$8.0I_b$。

（2）三侧差动保护 I_{dmin}（差动保护最小动作电流）：$0.50I_b$。

（3）零序差动保护差动动作电流：$50\%I_b$。

二、前置要点分析

1. 3AQ1-EG 型开关液压操作机构

3AQ1-EG 型开关是一种采用 SF₆ 气体作为绝缘和灭弧介质的压气式高压开关，三相户外式设计。该开关三相共用一套机械操作系统，由液压操作机构、液压储能筒、控

制单元等部件组成。

液压操动机构压力参数：释压阀动作值 37.5MPa，漏 N_2 总闭锁值 35.5MPa，油泵启动值 32MPa，闭锁重合闸值 30.8MPa，闭锁合闸值 27.3MPa，总闭锁值 25.3MPa。

2. 3AQ1-EG 型开关液压操动机构氮气泄漏

液压操动机构氮气泄漏的影响：氮气泄漏（比如密封圈的不严密）将影响开关操作，常常会导致开关操作时间间隔的过短或过长。

当液压机构油泵打压时，油泵打压接触器 K9 的（43，44）触点接通；若压力上升至 35.5MPa，则图 4-6 中的压力开关 B1 的（20，21）触点接通，N_2 泄漏告警继电器 K81 动作励磁，K81 励磁后，它的几副触点发生切换：

（1）在图 4-5 中，K81 的（4，6）触点断开，切断油泵打压控制继电器 K15，继而切断油泵打压接触器 K9，油泵停止打压。

（2）在图 4-6 中，K81 的（10，12）触点断开，使合闸总闭锁继电器 K12 失磁，切断开关的合闸回路。

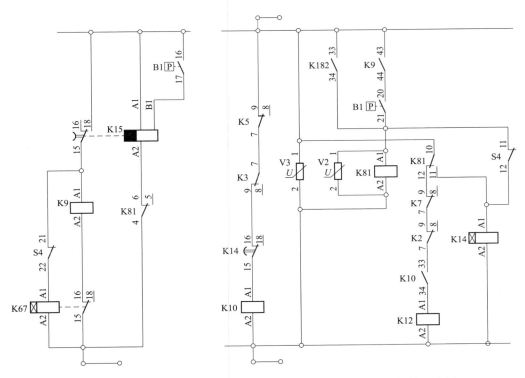

图 4-5　油泵控制回路图　　　　　图 4-6　分闸 1、合闸闭锁回路图

（3）在图 4-6 中，K81 的（10，11）触点接通，使分闸 1 漏 N_2 闭锁时间继电器 K14 动作，K14 经过延时 3h 后其延时接点（15，16）断开，使分闸 1 总闭锁继电器 K10 失磁，切断开关的分闸 1 回路。

（4）在图 4-7 中，K81 的（7，8）触点接通，使漏 N_2 中间继电器 K182 动作励磁，并由 K182 的（23，24）触点接通形成自保持。K182 励磁后，它的（13，14）触点闭

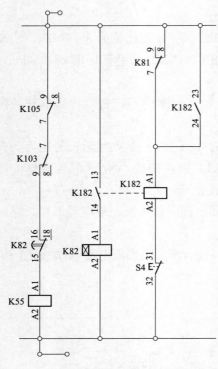

图 4-7　分闸 2 闭锁回路图

合，使分闸 2 漏 N_2 闭锁时间继电器 K82 动作，K82 经过延时 3h 后延时其触点（15，16）断开，使分闸 2 总闭锁继电器 K55 失磁，切断开关的分闸 2 回路。

三、事故前运行工况

台风，气温 28℃。全站处于正常运行方式，设备健康状况良好，未进行过检修。

四、主要事故现象

1. 监控后台现象

（1）监控系统事故音响、预告音响响。

（2）在主接线及监控分画面上，事故涉及开关的状态发生变化。

1）在 500kV 第四串分画面上，2 号主变 5041 开关、2 号主变/青城线 5042 开关三相跳闸，绿灯闪光；

2）在 2 号主变 220kV 侧分画面上，2 号主变 2602 开关三相跳闸，绿灯闪光；

3）在站用电分画面上，1 号站用变低压侧开关 1ZK 跳闸，绿灯闪光；0 号站用变 1 号备用分支开关 01ZK 备自投动作合闸成功，红灯闪光。

（3）潮流发生变化。

1）2 号主变三侧潮流为零；

2）3 号主变三侧潮流增大；

3）35kVⅡ母线电压、频率为零。

（4）光字牌状态变化：

500kV 公用测控 1 光字窗点亮的光字牌：

1）500kV 母线故障录波器启动；

2）500kV 1 号故障录波器启动；

3）500kV 2 号故障录波器启动。

500kV 公用测控 2 光字窗点亮的光字牌：

1）500kV 3 号故障录波器启动；

2）500kV 4 号故障录波器启动。

2 号主变光字窗点亮的光字牌：

1）第一套大差动保护动作；

2）第一套零差保护动作；

3）第二套大差动保护动作；

4）第二套零差动保护动作；

5）主变保护出口继电器未复归；

6）第一套保护 TV 断线告警。

2 号主变 5041 开关光字窗点亮的光字牌：

1）单元事故总信号；

2）保护总跳闸；

3）启动失灵三相跳闸动作；

4）2 号主变 500kV 侧电能表主/副表 TV 失压报警。

2 号主变/青城线 5042 开关光字窗点亮的光字牌：

1）单元事故总信号；

2）保护总跳闸。

2 号主变 2602 开关光字窗点亮的光字牌：

单元事故总信号。

2 号主变 3520 开关光字窗点亮的光字牌：

1）第一组控制回路断线；

2）第二组控制回路断线；

3）开关 SF_6 泄漏；

4）开关 SF_6 总闭锁；

5）开关分闸总闭锁。

35kVⅡ母线光字窗点亮的光字牌：

TV 失压。

1 号站用电光字窗点亮的光字牌：

单元事故总信号。

0 号站用变 1 光字窗点亮的光字牌：

0 号站用变 1 号备用分支开关备自投动作。

220kV 正母Ⅰ段光字窗点亮的光字牌：

1）220kV 1 号故障录波器启动；

2）220kV 2 号故障录波器启动。

35kV 公用测控光字窗点亮的光字牌：

1）主变故障录波器启动；

2）2 号主变低抗及电容器自动投切装置告警或呼唤。

小荷 2290 线光字窗点亮的光字牌：

1）第一套高频保护收发信机动作；

2）第二套高频保护收发信机动作。

小江 2289 线光字窗点亮的光字牌：

同小荷 2290 线。

2. 一次设备现场设备动作情况

（1）2 号主变 5041 开关三相均处于分闸位置。

（2）2 号主变/青城线 5042 开关三相均处于分闸位置。

（3）2 号主变 2602 开关三相均处于分闸位置。

（4）2 号主变 3520 开关三相均处于合闸位置，SF_6 压力 0.6MPa，已降至压力总闭锁。

3. 保护动作情况

（1）1 号站用变低压侧开关 1ZK 失压脱扣动作。

（2）0 号站用变 1 号备用分支开关 01ZK 备自投动作信号继电器掉牌。

（3）在 2 号主变第一套/本体保护屏，主变保护 RET670 面板上状态指示灯 Ready、Start、Trip 均亮平光，告警指示灯第一套大差动动作、第一套零差动作亮红色、TV 断线亮黄色。

装置液晶界面上主要保护动作信息有：

- DIFF_TR（大差动保护动作）
- TR_UNRES（差动速断动作）
- REF_TRIP（零差保护动作）
- REF_START（零差保护启动）
- DIFF_A_ST（差动保护 A 相启动）
- FSD1-BLKZ（TV 断线信号）
- TRIP_HVCB（保护跳高压侧开关）
- TRIP_MV_CB（保护跳中压侧开关）
- TRIP_LVCB（保护跳低压侧开关）

（4）在 2 号主变第一套保护屏：

1）跳 500kV 开关 TC1 自保持继电器 RC41. U25. 101. 113 动作；

2）2 号主变第一套保护跳 500kV 开关 TC2 自保持继电器 RC41. U25. 101. 313 动作；

3）2 号主变第一套保护跳 220kV 开关自保持继电器 RC41. U25. 125. 113 动作；

4）2 号主变第一套保护跳 35kV 开关自保持继电器 RC41. U25. 125. 313 动作。

（5）在 2 号主变第二套保护屏，主变保护 RET670 面板上状态指示灯 Ready、Start、Trip 均亮平光，告警指示灯第二套大差动动作、第二套零差动作亮红色。

装置液晶界面上主要保护动作信息有：

- DIFF_TR（大差动保护动作）
- TR_UNRES（差动速断动作）
- REF_TRIP（零差保护动作）
- REF_START（零差保护启动）
- DIFF_A_ST（差动保护 A 相启动）
- FSD1-BLKZ（TV 断线信号）

- TRIP_HVCB（保护跳高压侧开关）
- TRIP_MV_CB（保护跳中压侧开关）
- TRIP_LVCB（保护跳低压侧开关）

（6）在 2 号主变第二套保护屏：

1）跳 500kV 开关 TC2 自保持继电器 RC42.U21.101.313 动作；

2）2 号主变第二套保护跳 220kV 开关自保持继电器 RC42.U21.125.113 动作；

3）2 号主变第二套保护跳 35kV 开关自保持继电器 RC42.U21.125.313 动作。

（7）在低抗/低容投切装置屏（一），2 号主变低抗及低容自动投切装置液晶显示：TV 断线。

（8）在 2 号主变 5041 开关保护屏，开关保护 REC670 面板上 Start 黄灯亮，Trip 红灯亮，A 相跳闸、B 相跳闸、C 相跳闸红灯亮。

装置液晶界面上主要保护动作信息有：
- TRIP-TRIP（保护装置总跳闸）
- TRIP-TRL1（保护动作跳 A 相）
- TRIP-TRL2（保护动作跳 B 相）
- TRIP-TRL3（保护动作跳 C 相）
- BFP-TRRETL1（失灵保护 A 相重跳）
- BFP-TRRETL2（失灵保护 B 相重跳）
- BFP-TRRETL3（失灵保护 C 相重跳）
- 2/3-PH-TRRET（两相或三相跳）
- RETRIP-A（外部启动 A 相跳闸）
- RETRIP-B（外部启动 B 相跳闸）
- RETRIP-C（外部启动 C 相跳闸）

（9）在 2 号主变/青城线 5042 开关保护屏，开关保护 REC670 面板上 Start 黄灯亮，Trip 红灯亮，A 相跳闸、B 相跳闸、C 相跳闸红灯亮，重合闸被闭锁黄灯亮。

装置液晶界面上主要保护动作信息有：
- TRIP-TRIP（保护装置总跳闸）
- TRIP-TRL1（保护动作跳 A 相）
- TRIP-TRL2（保护动作跳 B 相）
- TRIP-TRL3（保护动作跳 C 相）
- BFP-TRRETL1（失灵保护 A 相重跳）
- BFP-TRRETL2（失灵保护 B 相重跳）
- BFP-TRRETL3（失灵保护 C 相重跳）
- 2/3-PH-TRRET（两相或三相跳）
- RETRIP-A（外部启动 A 相跳闸）
- RETRIP-B（外部启动 B 相跳闸）

- RETRIP-C（外部启动 C 相跳闸）
- BLOCK-AR（保护闭锁重合闸）

（10）在 2 号主变 5041 开关测控屏，操作箱 FCX-22HP 面板上：

1）跳 A I、跳 B I、跳 C I、跳 A II、跳 B II、跳 C II 指示灯亮；

2）跳位 A、跳位 B、跳位 C 指示灯亮；

3）合位 B I、合位 C I、合位 A II、合位 B II、合位 C II 指示灯灭。

（11）在 2 号主变/青城线 5042 开关测控屏，FCX-22HP 现象同 2 号主变 5041 开关测控屏。

（12）在 2 号主变 220kV 侧测控屏，操作箱 PST-1212 面板上：

1）合闸位置 I、合闸位置 II 指示灯灭；

2）跳闸位置指示灯亮；

3）I 跳闸启动、II 跳闸启动指示灯亮；

4）保护 1 跳闸、保护 2 跳闸指示灯亮。

（13）在 2 号主变本体及 35kV 侧测控屏，操作箱 PST-1212 面板上：

1）运行指示灯灭；

2）合闸位置 I、合闸位置 II 指示灯灭。

4. 故障录波器动作情况

500kV 主变故障录波器嵌入式录波单元录波指示灯亮，有录波文件。

五、主要处理步骤

（1）记录时间，消除音响。

（2）在故障后 5min 内，值长将收集的开关跳闸、母线失压、主变全停等情况简要汇报调度。

（3）记录光字牌并核对正确后复归。

（4）根据所跳开关及监控后台信号等，初步判断故障范围。

（5）派一组运维人员到一次设备现场实地检查：

1）检查各跳闸开关、2 号主变 3520 开关的实际位置及外观；

2）检查、SF_6 气体压力、液压机构压力、弹簧机构储能情况；

3）检查 2 号主变本体油位、压力释放等有无异常及气体继电器有无动作；

4）检查 2 号主变差动保护范围内是否有明显的故障点等。

（6）派另一组运维人员到二次设备现场检查保护动作情况：

1）检查 35 继保室备用电源自投正常，380V I 段母线支路供电正常；

2）检查直流系统工作正常；

3）检查 3 号主变冷却器总控制箱电源工作正常；

4）检查 51、52、53、54、220 继保室站用电源进线分屏的 380V I / II 段电源自动切换装置电源进线指示灯亮，常用电源开关在合位，备用电源开关在分位；

5）检查通信机房高频开关整流器组Ⅰ组屏交流电压正常；

6）记录保护动作信号并核对正确后复归各保护及其信号，打印故障录波并分析。

（7）根据保护动作信号及现场一次设备检查情况，判断为2号主变220kV A 相避雷器绝缘子闪络造成永久性接地故障，同时2号主变3520开关SF$_6$总闭锁不能跳闸，2号主变第一、二套大差动保护和零序比率差动保护动作跳开2号主变两侧开关。

（8）监视3号主变负荷，过负荷时及时汇报调度采取措施限负荷。在故障后15min内，值长将故障详情汇报调度及站部管理人员。

（9）要求县调确保城变3639线正常供电。

（10）隔离故障点及处理：

1）2号主变1号低抗从充电改为冷备用；

2）2号主变2号低抗从充电改为冷备用；

3）1号站用变320开关从运行改为冷备用；

4）2号主变3520开关从运行改为冷备用（开关在合位，刀闸解锁操作）；

5）2号主变2602开关从热备用改为冷备用；

6）2号主变/青城线5042开关从热备用改为冷备用；

7）2号主变5041开关从热备用改为冷备用；

8）2号主变从冷备用改为变压器检修；

9）2号主变3520开关从冷备用改为检修。

（11）对3号主变进行特巡。

（12）做好记录，上报缺陷等。

六、补充说明

若事故跳闸前运行方式为2号主变1号低抗、2号低抗为运行，则2号主变1号低抗、2号低抗低流保护动作跳开2号主变1号低抗321、2号低抗322开关。

思 考 题

（1）2号主变第一套大差动、第二套大差动保护取用的电流来自哪套TA？

（2）2号主变额定电流的一次值为841A，二次值为0.21A，TA变比是多大？

（3）3号主变中压侧、低压侧开关的跳闸出口是通过什么继电器出口的？

（4）3号主变本体保护及失灵保护跳闸出口中的复归LOCKOUT有什么作用？

（5）当液压机构油泵打压时，若压力上升至35.5MPa，会出现哪些现象？

（6）2号主变220kV A 相避雷器永久性接地故障时，2号主变3520开关SF$_6$总闭锁不能跳闸，对保护行为有什么影响？

第五章

500kV 母线故障案例分析

[案例 14] 华城线 50511 刀闸 B 相支持绝缘子闪络接地

一、设备配置及主要定值

1. 一次设备配置

(1) 华城线 5051 开关采用 3AT3-EI。

(2) 华城线 50511 刀闸采用 PR51-MM40,单柱垂直断口剪刀式,单接地。

(3) 华城线 50512 采用 TR53-MM40,三柱双静触头水平伸缩式,三接地。

2. 二次设备配置

500kV I 母配置两套完全独立的 REB-103 型母差保护。

(1) 第一套母差保护动作出口跳连接于 500kV I 母所有开关(第一组跳闸线圈 TC1)。

(2) 第二套母差保护动作出口跳连接于 500kV I 母所有开关(第二组跳闸线圈 TC2)。

3. 主要定值及其说明

华城 5108 线全长 124.796km。

二、前置要点分析

1. PR51-MM40 型刀闸

PR51-MM40 型刀闸为垂直断口剪刀式,由 3 个互不相连的极柱组成。独立极柱上方母线上悬有配套的静触头,每相剪刀由一台电动机构带动。PR51-MM40 型刀闸如图 5-1 所示。

2. CZX-22G 操作箱

CZX-22G 型操作继电器装置按超高压输电线路继电保护统一设计原则和国家电网公司的要求设计。该装置含有两组分相跳闸回路,一组分相合闸回路以及手合选线加速回路,可与 3/2 接线方式下的开关配合使用。保护装置和其他有关设备均可通过操作继电器装置对开关进行分合操作。CZX-22G 操作箱面板如图 5-2 所示。

图 5-1　PR51-MM40 型刀闸

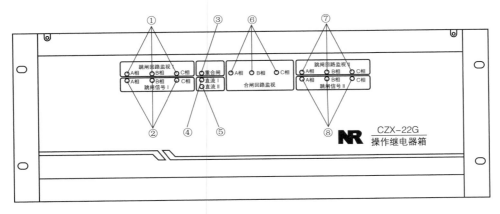

图 5-2　CZX-22G 型操作箱面板

①—分别为第Ⅰ组 A、B、C 相跳闸的回路监视灯（开关合上时应亮）；②—分别为第Ⅰ组 A、B、C 相跳闸信号灯；③—重合闸信号灯；④—第Ⅰ组直流电源监视灯；⑤—第Ⅱ组直流电源监视灯；⑥—A、B、C 三相合闸回路监视灯；⑦—第Ⅱ组 A、B、C 相跳闸回路监视灯（开关合上时应亮）；⑧—第Ⅱ组 A、B、C 相跳闸回路信号灯。

　　CZX-22G 的两组分相跳闸回路具有独立的直流电源，并设有直流电源监视回路，当任意一组直流消失即可通过 12JJ 和 2JJ 报警。当自动重合闸时，磁保持继电器 ZXJ 的动作线圈励磁，继电器动作且自保持，其一对动合触点闭合去启动重合闸信号灯。当按下复归按钮时，磁保持继电器复归线圈励磁，重合闸信号复归。

三、事故前运行工况

　　阴天，有大雾，气温 22℃。全站处于正常运行方式，设备健康状况良好，未进行过检修。

四、主要事故现象

　　1. 后台监控现象

（1）监控系统事故音响、预告音响响。

（2）在主接线及间隔监控分画面上，事故涉及开关的状态发生变化。

1）在 500kV 第一串分画面上，水城线 5012 开关三相跳闸，绿灯闪光；

2）在 500kV 第三串分画面上，绿城线 5031 开关三相跳闸，绿灯闪光；

3）在 500kV 第四串分画面上，2 号主变 5041 开关三相跳闸，绿灯闪光；

4）在 500kV 第五串分画面上，华城线 5051 开关三相跳闸，绿灯闪光；

5）在 500kV 第六串分画面上，3 号主变 5061 开关三相跳闸，绿灯闪光；

6）在 500kV 第八串分画面上，实城线 5081 开关三相跳闸，绿灯闪光。

（3）潮流发生变化。

1）500kVⅠ母频率为零；

2）500kVⅠ母电压为零。

（4）在相关间隔的光字窗中，有光字牌被点亮。

500kVⅠ母光字窗点亮的光字牌：

1）500kVⅠ母第一/第二套母差保护三相跳闸；

2）500kVⅠ母第一/第二套母差保护出口保持；

3）TV 失压。

水城线 5012 开关光字窗点亮的光字牌：

1）单元事故总信号；

2）保护总跳闸；

3）开关第一组控制回路断线；

4）开关第二组控制回路断线。

绿城线 5031 开关光字窗点亮的光字牌：

同水城线 5012 开关。

2 号主变 5041 开关光字窗点亮的光字牌：

1）单元事故总信号；

2）保护总跳闸；

3）开关第一组控制回路断线；

4）开关第二组控制回路断线；

5）启动失灵三相跳闸动作。

华城线 5051 开关光字窗点亮的光字牌：

同水城线 5012 开关。

3 号主变 5061 开关光字窗点亮的光字牌：

1）单元事故总信号；

2）开关第一组控制回路断线；

3）开关第二组控制回路断线；

4）主变/母差保护三相跳闸启动失灵开入；

5）失灵保护 A 相瞬时重跳动作；

6）失灵保护 B 相瞬时重跳动作；

7）失灵保护 C 相瞬时重跳动作。

实城线 5081 开关光字窗点亮的光字牌：

1）单元事故总信号；

2）开关保护装置动作；

3）开关第一组控制回路断线；

4）开关第二组控制回路断线。

500kV 公用测控 1 光字窗点亮的光字牌：

1）500kV 母线故障录波器启动；

2）500kV 1 号故障录波器启动；

3）500kV 2 号故障录波器启动。

500kV 公用测控 2 光字窗点亮的光字牌：

1）500kV 3 号故障录波器启动；

2）500kV 4 号故障录波器启动。

35kV 公用测控光字窗点亮的光字牌：

主变故障录波器启动。

220kV 正母Ⅰ段光字窗点亮的光字牌：

1）220kV 1 号故障录波器动作；

2）220kV 2 号故障录波器动作。

2．一次设备现场设备动作情况

（1）华城线 50511 刀闸 B 相支持绝缘子有明显闪络接地痕迹。

（2）水城线 5012 开关三相均在分闸位置。

（3）绿城线 5031 开关三相均在分闸位置。

（4）2 号主变 5041 开关三相均在分闸位置。

（5）华城线 5051 开关三相均在分闸位置。

（6）3 号主变 5061 开关三相均在分闸位置。

（7）实城线 5081 开关三相均在分闸位置。

3．保护动作情况

（1）在 500kVⅠ母第一套母差保护屏，母差保护 REB-103 面板上 Trip L2 红灯亮，并自保持。

（2）在 500kVⅠ母第一套母差保护屏：

1）跳 5012 开关自保持继电器 1BCJ（U15.101.107）掉牌；

2）跳 5031 开关自保持继电器 3BCJ（U15.101.125）掉牌；

3）跳 5041 开关自保持继电器 4BCJ（U15.101.325）掉牌；

4）跳 5051 开关自保持继电器 5BCJ（U19.101.107）掉牌；

5）跳 5061 开关自保持继电器 6BCJ（U19.101.307）掉牌；

6）跳 5081 开关自保持继电器 8BCJ（U19.125.307）掉牌；

7）保护跳闸/TA 开路信号继电器 1XJ（U15.143.101）掉牌。

（3）500kV Ⅰ 母第二套母差保护屏动作情况同第一套母差保护屏。

（4）在水城线 5012 开关保护屏，开关保护 REC670 面板上 Start 黄灯亮，Trip 红灯亮，A 相跳闸、B 相跳闸、C 相跳闸红灯亮，重合闸被闭锁黄灯亮。

装置液晶界面上主要保护动作信息有：

- TRIP-TRIP（保护装置总跳闸）
- TRIP-TRL1（保护动作跳 A 相）
- TRIP-TRL2（保护动作跳 B 相）
- TRIP-TRL3（保护动作跳 C 相）
- 2/3-PH-TRRET（两相或三相跳闸）
- BBP-STBFP（母线保护起动失灵）
- RETRIP-A（外部起动 A 相跳闸）
- RETRIP-B（外部起动 B 相跳闸）
- RETRIP-C（外部起动 C 相跳闸）
- BLOCK-AR（保护闭锁重合闸）

（5）在绿城线 5031 开关保护屏，REC670 现象同水城线 5012 开关保护屏。

（6）在华城线 5051 开关保护屏，REC670 现象同水城线 5012 开关保护屏。

（7）在 2 号主变 5041 开关保护屏，开关保护 REC670 面板上 Start 黄灯亮，Trip 红灯亮，A 相跳闸、B 相跳闸、C 相跳闸红灯亮。

装置液晶界面上主要保护动作信息有：

- TRIP-TRIP（保护装置总跳闸）
- TRIP-TRL1（保护动作跳 A 相）
- TRIP-TRL2（保护动作跳 B 相）
- TRIP-TRL3（保护动作跳 C 相）
- 2/3-PH-TRRET（两相或三相跳）
- BBP-STBFP（母线保护启动失灵）
- RETRIP-A（外部启动 A 相跳闸）
- RETRIP-B（外部启动 B 相跳闸）
- RETRIP-C（外部启动 C 相跳闸）

（8）在 3 号主变 5061 开关保护屏，开关保护 RCS-921A 面板上跳 A、跳 B、跳 C 灯亮。

装置液晶界面上主要保护动作信息有：

- A 相跟跳
- B 相跟跳
- C 相跟跳

（9）在实城线 5081 开关保护屏，开关保护 PSL632U 面板上重合允许灯灭，保护动作灯亮。

装置液晶界面上主要保护动作信息有：

- 保护启动
- 失灵跟跳 A 相
- 失灵跟跳 B 相
- 失灵跟跳 C 相

（10）在水城线 5012 开关测控屏，操作箱 FCX-22HP 面板上：

1）跳 A I 、跳 B I 、跳 C I 、跳 A II 、跳 B II 、跳 C II 指示灯亮；

2）跳位 A、跳位 B、跳位 C 指示灯亮；

3）合位 A I 、合位 B I 、合位 C I 、合位 A II 、合位 B II 、合位 C II 指示灯灭。

（11）在绿城线 5031 开关测控屏，FCX-22HP 现象同水城线 5012 开关测控屏。

（12）在 2 号主变 5041 开关测控屏，FCX-22HP 现象同水城线 5012 开关测控屏。

（13）在华城线 5051 开关测控屏，FCX-22HP 现象同水城线 5012 开关测控屏。

（14）在 3 号主变 5061 开关测控屏，FCX-22HP 现象同水城线 5012 开关测控屏。

（15）在实城线 5081 开关测控屏，操作箱 CZX-22G 面板上：

1）跳闸信号 A 相 I 、跳闸信号 B 相 I 、跳闸信号 C 相 I 指示灯亮；

2）跳闸信号 A 相 II 、跳闸信号 B 相 II 、跳闸信号 C 相 II 指示灯亮；

3）合闸回路监视 A 相、合闸回路监视 B 相、合闸回路监视 C 相指示灯亮。

4．故障录波器动作情况

500kV 3 号故障录波器嵌入式录波单元录波指示灯亮，有录波文件。

五、主要处理步骤

（1）记录时间，消除音响。

（2）在故障后 5min 内，值长将收集的开关跳闸等情况简要汇报调度。

（3）记录光字牌并核对正确后复归。

（4）根据所跳开关及监控后台信号等，初步判断故障范围。

（5）派一组运维人员到一次设备现场实地检查水城线 5012 开关、绿城线 5031 开关、2 号主变 5041 开关、华城线 5051 开关、3 号主变 5061 开关、实城线 5081 开关的实际位置及外观、SF$_6$ 气体压力、油压、弹簧储能情况等，并检查 500kV I 母母差保护范围内一次设备。

（6）派另一组运维人员到二次设备现场检查保护动作情况，记录保护动作信号并核对正确后复归各保护及其信号，打印故障录波并分析。

（7）根据保护动作信号及现场一次设备检查情况，判断为华城线 50511 刀闸 B 相支持绝缘子闪络接地，500kV I 母第一套、第二套母差保护动作跳闸，跳开与 500kV I 母连接的水城线 5012 开关、绿城线 5031 开关、2 号主变 5041 开关、华城线 5051 开关、3 号主变 5061 开关、实城线 5081 开关，同时闭锁开关重合闸。

（8）在故障后 15min 内，值长将故障详情汇报调度及站部管理人员。

（9）隔离故障点及处理：

1）水城线 5012 开关从热备用改为冷备用；

2）绿城线 5031 开关从热备用改为冷备用；

3）2 号主变 5041 开关从热备用改为冷备用；

4）3 号主变 5061 开关从热备用改为冷备用；

5）实城线 5081 开关从热备用改为冷备用；

6）华城线 5051 开关从热备用改为冷备用；

7）500kV Ⅰ 母线从冷备用改为检修；

8）华城线 5051 开关从冷备用改为开关检修。

（10）做好记录，上报缺陷等。

六、补充说明

如 500kV Ⅰ 母线需要先恢复送电，可隔离故障点，将华城线 5051 开关从热备用改为开关检修，然后将水城线 5012 开关从热备用改为运行，对 500kV Ⅰ 母线充电，正常后绿城线 5031 开关、2 号主变 5041 开关、3 号主变 5061 开关、实城线 5081 开关分别从热备用改为运行。

［案例 15］ 水城 5168 线 A 相接地，水城线 5012 开关拒动

一、水城 5168 线设备配置及主要定值

1. 一次设备配置

（1）水城线 5012 开关和水城线 5013 开关均采用 3AT2-EI。

（2）水城线 50111 刀闸和水城线 50132 刀闸均采用 PR51-MM40，单柱垂直断口剪刀式，单接地。

（3）水城线 50122 和水城线 50131 刀闸采用 TR53-MM40，三柱双静触头水平伸缩式，三接地。

2. 二次设备配置

（1）水城 5168 线第一套保护屏和第二套保护均采用 P546＋P443 型线路保护。

（2）水城线 5012 开关和水城线 5013 开关保护均采用 REC670 型保护。

（3）水城线 5012 开关和水城线 5013 开关均采用 FCX-22HP 型分相操作箱。

3. 主要定值及其说明

（1）水城 5168 线全长 69.87km。

（2）水城线 5012 开关保护 REC670 的失灵启动相电流 I_P 为 $53\%I_B$，I_B 为 3000A。

（3）水城线 5012 开关保护 REC670 的失灵保护动作延时 t_2 为 0.2s。

二、前置要点分析

1. FCX-22PH 型开关分相操作箱

FCX-22HP 型分相操作箱适用于具有两个跳闸线圈的开关。该操作箱能实现对开关进行辅助操作，监视其运行状态，进行 TV 输出交流电压的切换，并实现保护装置与开关的联系和配合。FCX-22PH 型分相操作箱面板如图 5-3 所示。

2. 3AT2-EI 型开关储能

3AT2-EI 型开关是一种采用 SF$_6$ 气体作为绝缘和灭弧介质的他能式高压开关，其操动机构采用液压机构。

图 5-4 为 3AT2-EI 操动机构箱局部示意图。图中，上部左侧为液压机构压力计，中间为油压表，右侧为 SF$_6$ 压力表，下部为储能油泵。开关油压降低时，油泵会自动打压，一旦出现某相开关油泵打压时间超过 3min，为了保护油泵电机，该相的开关打压超时中间继电器动作并自保持，打压超时中间继电器动断触点切断打压控制回路，使油泵电机交流接触器断开，油泵停止打压。当第一次打压，因打压超时动作，油压仍不能恢复至正常范围，当值运维人员应通过分控箱内油泵打压超时复归按钮或拉开第一组控制电源小开关复归打压超时，复归打压时间继电器后，油泵将再次进行打压，直至油压恢复至正常范围。

图 5-3 FCX-22PH 型分相操作箱面板

图 5-4 3AT2-EI 操作机构箱局部

三、事故前运行工况

晴天，气温 5℃。全站处于正常运行方式，设备健康状况良好，未进行过检修。

四、主要事故现象

1. 后台监控现象

（1）监控系统事故音响、预告音响响。

（2）在主接线及间隔监控分画面上，事故涉及开关的状态发生变化。

1）在 500kV 第一串分画面上，水城线 5012 开关三相在合闸状态，红灯平光；水城线 5013 开关三相跳闸，绿灯闪光。

2) 在 500kV 第三串分画面上，绿城线 5031 开关三相跳闸，绿灯闪光。

3) 在 500kV 第四串分画面上，2 号主变 5041 开关三相跳闸，绿灯闪光。

4) 在 500kV 第五串分画面上，华城线 5051 开关三相跳闸，绿灯闪光。

5) 在 500kV 第六串分画面上，3 号主变 5061 开关三相跳闸，绿灯闪光。

6) 在 500kV 第八串分画面上，实城线 5081 开关三相跳闸，绿灯闪光。

（3）潮流发生变化。

1) 500kV I 母频率、电压为零；

2) 水城 5168 线潮流、电压为零。

（4）在相关间隔的光字窗中，有光字牌被点亮。

水城 5168 线光字窗点亮的光字牌：

1) 第一套分相电流差动保护装置跳闸；

2) 第一套分相电流差动保护装置动作；

3) 第一套后备距离保护装置跳闸；

4) 第一套后备距离保护装置动作；

5) 第二套分相电流差动保护装置跳闸；

6) 第二套分相电流差动保护装置动作；

7) 第二套后备距离保护装置跳闸；

8) 第二套后备距离保护装置动作。

水城线 5012 开关光字窗点亮的光字牌：

1) 单元事故总信号；

2) 保护总跳闸；

3) 失灵保护动作；

4) 开关保护失灵延时出口继电器未复归；

5) 重合闸装置停用/闭锁；

6) 油泵打压超时；

7) 开关油压总闭锁；

8) 开关油压合闸总闭锁；

9) 开关 N_2/油压/SF_6 总闭锁；

10) 开关第一组控制回路断线；

11) 开关第二组控制回路断线。

水城线 5013 开关光字窗点亮的光字牌：

1) 单元事故总信号；

2) 保护总跳闸；

3) 启动重合闸；

4) 开关第一组控制回路断线；

5) 开关第二组控制回路断线；

6）水城 5168 线电能表 TV 失压报警。

绿城线 5031 开关光字窗点亮的光字牌：

1）单元事故总信号；

2）保护总跳闸；

3）开关第一组控制回路断线；

4）开关第二组控制回路断线。

2 号主变 5041 开关光字窗点亮的光字牌：

1）单元事故总信号；

2）保护总跳闸；

3）开关第一组控制回路断线；

4）开关第二组控制回路断线；

5）启动失灵三相跳闸动作。

华城线 5051 开关光字窗点亮的光字牌：

1）单元事故总信号；

2）保护总跳闸；

3）开关第一组控制回路断线；

4）开关第二组控制回路断线。

3 号主变 5061 开关光字窗点亮的光字牌：

1）单元事故总信号；

2）开关第一组控制回路断线；

3）开关第二组控制回路断线；

4）主变/母差保护三相跳闸启动失灵开入；

5）失灵保护 A 相瞬时重跳动作；

6）失灵保护 B 相瞬时重跳动作；

7）失灵保护 C 相瞬时重跳动作。

实城线 5081 开关光字窗点亮的光字牌：

1）单元事故总信号；

2）开关保护装置动作；

3）开关第一组控制回路断线；

4）开关第二组控制回路断线。

500kV Ⅰ 母光字窗点亮的光字牌：

1）TV 失压；

2）500kV Ⅰ 母第一/第二套母差保护出口保持。

500kV 公用测控 1 光字窗点亮的光字牌：

1）500kV 母线故障录波器启动；

2）500kV 1 号故障录波器启动；

3）500kV 2 号故障录波器启动。

500kV 公用测控 2 光字窗点亮的光字牌：

1）500kV 3 号故障录波器启动；

2）500kV 4 号故障录波器启动。

35kV 公用测控光字窗点亮的光字牌：

主变故障录波器启动。

220kV 正母 I 段光字窗点亮的光字牌：

1）220kV 1 号故障录波器动作；

2）220kV 2 号故障录波器动作。

2. 一次设备现场设备动作情况

（1）水城线 5012 开关三相均处于合闸位置。

（2）水城线 5013 开关三相均处于分闸位置。

（3）绿城线 5031 开关三相均处于分闸位置。

（4）2 号主变 5041 开关三相均处于分闸位置。

（5）华城线 5051 开关三相均处于分闸位置。

（6）3 号主变 5061 开关三相均处于分闸位置。

（7）实城线 5081 开关三相均处于分闸位置。

（8）水城线 5012 开关 A 相液压机构油压表指示为 25MPa。

（9）在水城线 5012 开关中控箱内，油压合闸闭锁继电器 K2、油压低闭锁重合闸继电器 K4、油压低分合闸总闭锁继电器 K3、K103 动作。K10（分闸 1 总闭锁）、K26（分闸 2 总闭锁）继电器失磁。

3. 保护动作情况

（1）在水城 5168 线第一套保护屏，分相电流差动保护 P546 面板左侧 TRIP 红灯亮，ALARM 黄灯闪烁；右侧 A 相电流差动动作灯亮。

装置液晶界面上主要保护动作信息有：

- ［时间］
- Fault location［数值］（故障测距）
- Current diff start A（启动元件为 A 相差动元件）
- IA differential［数值］（A 相差流值）
- IB differential［数值］（B 相差流值）
- IC differential［数值］（C 相差流值）
- Started phase AN（A 相过流元件启动）
- Relay trip time［数值］（保护动作出口时间）
- Tripphase AN（跳 A 相）
- Current diff trip intertrip A（A 相差动联跳）
- Fault duration［数值］（故障持续时间）

- CB operate time［数值］（开关动作时间）
- IA local［数值］（本侧 A 相电流值）
- IB local［数值］（本侧 B 相电流值）
- IC local［数值］（本侧 C 相电流值）
- IA Remote［数值］（对侧 A 相电流值）
- IB Remote［数值］（对侧 B 相电流值）
- IC Remote［数值］（对侧 C 相电流值）

（2）在水城 5168 线第一套保护屏：

1）第一套保护跳 5013 开关 A 相自保持继电器 CKJ1 掉牌；

2）第一套保护跳 5012 开关 A 相自保持继电器 CKJ4 掉牌；

3）第一套分相电流差动保护 A 跳信号继电器 AUX1 掉牌；

4）第一套分相电流差动保护动作信号继电器 AUX4 掉牌；

5）第一套后备距离保护 A 跳信号继电器 Y2 掉牌；

6）第一套分相电流差动保护及后备距离保护 TV 断线信号继电器 Y5 掉牌；

7）第一套后备距离保护动作信号继电器 Y8 掉牌。

上述继电器中，CKJ1、CKJ4、Y2、Y5、Y8 掉牌后需手动复归。

（3）在水城 5168 线第一套保护屏，后备距离保护 P443 面板左侧 TRIP 红灯亮，A-LARM 黄灯闪烁；右侧 A 相跳闸、距离Ⅰ段动作红灯亮。

装置液晶界面上主要保护动作信息有：

- ［时间］
- Start phase AN（A 相启动）
- Trip phase AN（A 相跳闸）
- Distance start Z1 Z2 Z3（距离Ⅰ、Ⅱ、Ⅲ段启动）
- Distance tirp Z1（距离Ⅰ段跳闸）
- Earth fault start IN＞1（反时限零流启动）
- Relay trip time［数值］（保护动作出口时间）
- CB operate time［数值］（开关动作时间）
- Fault current［数值］（故障电流）
- Fault location［数值］（故障测距）

（4）水城 5168 线第二套保护屏上的 P546 和 P443 型保护动作情况同第一套。

（5）在水城线 5012 开关保护屏，开关保护 REC670 面板上 Start 黄灯亮，Trip 红灯亮，A 相跳闸、B 相跳闸、C 相跳闸、失灵延时段动作红灯亮，重合闸被闭锁黄灯亮。

装置液晶界面上主要保护动作信息有：

- TRIP-TRIP（保护装置总跳闸）
- TRIP-TRL1（保护动作跳 A 相）

- TRIP-TRL2（保护动作跳 B 相）
- TRIP-TRL3（保护动作跳 C 相）
- PHASE-A-CLOSE（断路器 A 相合位）
- PHASE-B-CLOSE（断路器 B 相合位）
- PHASE-C-CLOSE（断路器 C 相合位）
- BFP-BLOCK-AR（失灵保护闭锁重合闸）
- 2/3-PH-TRRET（两相或三相跳闸）
- BBP-STBFP（母线保护启动失灵）
- RETRIP-A（外部启动 A 相跳闸）
- RETRIP-B（外部启动 B 相跳闸）
- RETRIP-C（外部启动 C 相跳闸）
- BLOCK-AR（闭锁重合闸）
- TRIP-TRL1（失灵保护 A 相重跳）
- BFP-BUTRIP（失灵保护后备跳闸）
- BFP-TRRETL1（失灵保护延时跳 A 相）
- BFP-TRRETL2（失灵保护延时跳 B 相）
- BFP-TRRETL3（失灵保护延时跳 C 相）

（6）在水城线 5012 开关保护屏，失灵延时重跳/5013 开关失灵延时跳本开关三相出口自保持双位置继电器 4CKJ（U17.113.307）动作、掉牌（红色）。

（7）在水城线 5013 开关保护屏，开关保护 REC670 面板上 Start 黄灯亮，Trip 红灯亮，A 相跳闸、B 相跳闸、C 相跳闸红灯亮，重合闸被闭锁黄灯亮。

装置液晶界面上主要保护动作信息有：
- TRIP-TRIP（保护装置总跳闸）
- TRIP-TRL1（保护动作跳 A 相）
- TRIP-TRL2（保护动作跳 B 相）
- TRIP-TRL3（保护动作跳 C 相）
- RETRIP-A（外部启动 A 相跳闸）
- RETRIP-B（外部启动 B 相跳闸）
- RETRIP-C（外部启动 C 相跳闸）
- BLOCK-AR（闭锁重合闸）
- 2/3-PH-TRRET（两相或三相跳闸）

（8）在绿城线 5031 开关保护屏，开关保护 REC670 面板上 Start 黄灯亮，Trip 红灯亮，A 相跳闸、B 相跳闸、C 相跳闸红灯亮，重合闸被闭锁黄灯亮。

装置液晶界面上主要保护动作信息有：
- TRIP-TRIP（保护装置总跳闸）
- TRIP-TRL1（保护动作跳 A 相）

- TRIP-TRL2（保护动作跳 B 相）
- TRIP-TRL3（保护动作跳 C 相）
- BLOCK-AR（闭锁重合闸）
- BBP-STBFP（母线保护启动失灵）
- RETRIP-A（外部启动 A 相跳闸）
- RETRIP-B（外部启动 B 相跳闸）
- RETRIP-C（外部启动 C 相跳闸）
- 2/3-PH-TRRET ［数值］（两相或三相跳闸）

（9）在 2 号主变 5041 开关保护屏，开关保护 REC670 面板上 Start 黄灯亮，Trip 红灯亮，A 相跳闸、B 相跳闸、C 相跳闸红灯亮。

装置液晶界面上主要保护动作信息有：

- TRIP-TRIP（保护装置总跳闸）
- TRIP-TRL1（保护动作跳 A 相）
- TRIP-TRL2（保护动作跳 B 相）
- TRIP-TRL3（保护动作跳 C 相）
- 2/3-PH-TRRET（两相或三相跳闸）
- RETRIP-A（外部启动 A 相跳闸）
- RETRIP-B（外部启动 B 相跳闸）
- RETRIP-C（外部启动 C 相跳闸）
- BBP-STBFP（母线保护启动失灵）

（10）在华城线 5051 开关保护屏，REC670 现象同绿城线 5031 开关保护屏。

（11）在 3 号主变 5061 开关保护屏，开关保护 RCS-921 面板上跳 A、跳 B、跳 C 指示灯亮。

装置液晶界面上主要保护动作信息有：

- A 相跟跳
- B 相跟跳
- C 相跟跳

（12）在实城线 5081 开关保护屏，开关保护 PSL632U 面板上重合允许灯灭，保护动作灯亮。

装置液晶界面上主要保护动作信息有：

- 保护启动
- 失灵跟跳 A 相
- 失灵跟跳 B 相
- 失灵跟跳 C 相

（13）在 500kV I 母第一套母差保护屏：

1）跳 5012 开关自保持继电器 1BCJ（U15.101.107）掉牌；

2）跳 5031 开关自保持继电器 3BCJ（U15.101.125）掉牌；

3）跳 5041 开关自保持继电器 4BCJ（U15.101.325）掉牌；

4）跳 5051 开关自保持继电器 5BCJ（U19.101.107）掉牌；

5）跳 5061 开关自保持继电器 6BCJ（U19.101.307）掉牌；

6）跳 5081 开关自保持继电器 8BCJ（U19.125.307）掉牌。

（14）500kVⅠ母第二套母差保护屏的动作情况同第一套母差保护屏。

（15）在水城线 5012 开关测控屏，操作箱 FCX-22HP 面板上合位 AⅠ、合位 BⅠ、合位 CⅠ、合位 AⅡ、合位 BⅡ、合位 CⅡ指示灯亮。

（16）在水城线 5013 开关测控屏，操作箱 FCX-22HP 面板上：

1）跳 AⅠ、跳 BⅠ、跳 CⅠ、跳 AⅡ、跳 BⅡ、跳 CⅡ指示灯亮；

2）跳位 A、跳位 B、跳位 C 指示灯亮；

3）合位 AⅠ、合位 BⅠ、合位 CⅠ、合位 AⅡ、合位 BⅡ、合位 CⅡ指示灯灭。

（17）在绿城线 5031 开关测控屏，FCX-22HP 现象同水城线 5013 开关保护屏。

（18）在 2 号主变 5041 开关测控屏，FCX-22HP 现象同水城线 5013 开关保护屏。

（19）在华城线 5051 开关测控屏，FCX-22HP 现象同水城线 5013 开关保护屏。

（20）在 3 号主变 5061 开关测控屏，FCX-22HP 现象同水城线 5013 开关保护屏。

（21）在实城线 5081 开关测控屏，操作箱 CZX-22G 面板上：

1）跳闸信号 A 相Ⅰ、跳闸信号 B 相Ⅰ、跳闸信号 C 相Ⅰ指示灯亮；

2）跳闸信号 A 相Ⅱ、跳闸信号 B 相Ⅱ、跳闸信号 C 相Ⅱ指示灯亮；

3）合闸回路监视 A 相、合闸回路监视 B 相、合闸回路监视 C 相指示灯亮。

4．故障录波器动作情况

500kV 1 号故障录波器嵌入式录波单元录波指示灯亮，有录波文件。

五、主要处理步骤

（1）记录时间，消除音响。

（2）在故障后 5min 内，值长将收集的开关跳闸等情况简要汇报调度。

（3）记录光字牌并核对正确后复归。

（4）根据所跳开关及监控后台信号等，初步判断故障范围。

（5）派一组运维人员到一次设备现场实地检查水城线 5012 开关、水城线 5013 开关、绿城线 5031 开关、2 号主变 5041 开关、华城线 5051 开关、3 号主变 5061 开关、实城线 5081 开关的实际位置及外观、SF$_6$ 气体压力、油压、弹簧储能情况等，并检查水城 5168 线路保护和 500kVⅠ母母差范围内的其他设备。

（6）派另一组运维人员到二次设备现场检查保护动作情况，记录保护动作信号并核对正确后复归各保护及其信号，打印故障录波并分析。

（7）根据保护动作信号及现场一次设备检查情况，判断为水城 5168 线 A 相发生单相接地故障，第一套、第二套主保护和后备保护动作出口，跳水城线 5012 开关、水城线 5013 开关，但水城线 5012 开关 A 相由于在开关分闸前油压已低至分闸闭锁（25MPa），该开关三相拒跳，故障点无法切除。由水城线 5012 开关失灵保护动作启动 500kV Ⅰ 母第一套、第二套母差，跳开与 500kV Ⅰ 母连接的绿城线 5031 开关、2 号主变 5041 开关、华城线 5051 开关、3 号主变 5061 开关、实城线 5081 开关，同时闭锁重合闸并启动远跳。

（8）在故障后 15min 内，值长将故障详情汇报调度及站部管理人员。

（9）隔离故障点及处理：

1）水城线 5012 开关从运行改为冷备用（用两侧刀闸隔离解闭锁操作）；

2）水城线 5013 开关从热备用改为冷备用；

3）实城线 5081 开关从热备用改为运行；

4）3 号主变 5061 开关从热备用改为运行；

5）华城线 5051 开关从热备用改为运行；

6）2 号主变 5041 开关从热备用改为运行；

7）绿城线 5031 开关从热备用改为运行；

8）水城 5168 线路从冷备用改为检修；

9）水城线 5012 开关从冷备用改为检修。

（10）做好记录，上报缺陷等。

六、补充说明

如水城 5168 线需要恢复送电，可在将水城线 5012 开关故障隔离后，通过对侧强送对水城 5168 线充电，再由本侧水城线 5013 开关合环，恢复水城 5168 线路运行。

［案例 16］ 水城线 50111 刀闸支持绝缘子闪络，华城线 5051 开关拒动

一、设备配置及主要定值

1. 一次设备配置

（1）华城线 5051 开关和华城线 5052 开关均采用 3AT3-EI。

（2）水城线 50111 刀闸、华城线 50511 刀闸、华城线 50532 刀闸采用 PR51-MM40，该型刀闸为单柱垂直断口剪刀式，单接地。

（3）华城线 50512 和华城线 50521 刀闸采用 TR53-MM40，该型刀闸为三柱双静触头水平伸缩式，三接地。

2. 二次设备配置

（1）华城 5108 线第一套、第二套线路保护均采用 RED670 型保护。

（2）华城线 5051 开关和华城线 5052 开关保护均采用 REC670 型保护。

（3）华城线 5051 开关和华城线 5052 开关均采用 FCX-22HP 型分相操作箱。

3. 主要定值及其说明

3AT3-EI 开关在 20℃时 SF_6 额定压力值为 0.7MPa，泄漏报警压力值为 0.64MPa，总闭锁压力值为 0.62MPa。

二、前置要点分析

1. 华城线 5051 开关保护屏上的继电器

如图 5-5 所示，华城线 5051 开关采用 REC670 作为开关保护，在开关保护屏上安装有下列继电器：

（1）U17.113.101 是失灵瞬时重跳本开关 A 相/B 相出口继电器 1CKJ，上层灯亮表示 A 跳，下层灯亮表示 B 跳。

（2）U17.113.301 是失灵瞬时重跳本开关 C 相/重合闸出口继电 2CKJ，上层灯亮表示 C 跳，下层灯亮表示重合闸出口。

（3）U17.113.107 是跳 5052 开关/闭锁 5052 开关重合闸/启动线路远跳/启动母差出口继电器 3CKJ。

（4）U17.113.307 是失灵延时重跳/5052 开关失灵延时跳本开关三相出口自保持双位置继电器 4CKJ，通过 1FA 复归。

（5）U17.155.101 是开关保护直流电源监视继电器 1JJ。

（6）U17.155.301 是开关保护装置内部故障继电器 NGZJ。

图 5-5　开关保护屏上继电器

2. 第一套母差保护屏上的继电器

如图 5-6 所示，500kV 母线采用 REB-103 作为母差保护，在母差保护屏上安装有下列继电器：

（1）U15.101.107 是跳 5012（5013）开关自保持继电器 1BCJ。

（2）U15.101.307 是备用自保持继电器 2BCJ。

图 5-6　第一套母差保护屏上的继电器

（3）U15.101.125 是跳 5031（5033）开关自保持继电器 3BCJ。

（4）U15.101.325 是跳 5041（5043）开关自保持继电器 4BCJ。

（5）U15.101.119 是跳 5012（5013）开关出口继电器 1CKJ。

（6）U15.101.319 是备用出口继电器 2CKJ。

（7）U15.101.137 是跳 5031（5033）开关出口继电器 3CKJ。

（8）U15.101.337 是跳 5041（5043）开关出口继电器 4CKJ。

（9）U15.143.101 是保护跳闸/TA 开路信号继电器 1XJ。

（10）U15.143.301 是保护闭锁/内部故障信号继电器 2XJ。

（11）U15.143.107 是直流故障/出口保持信号继电器 3XJ。

（12）U15.155.101 是直流电源监视继电器 JJ。

（13）U15.155.301 是跳闸自保持复归按钮。

（14）U19.101.107 是跳 5051（5052）开关自保持继电器 5BCJ。

（15）U19.101.307 是跳 5061（5062）开关自保持继电器 6BCJ。

（16）U19.125.107 是备用自保持继电器 7BCJ。

（17）U19.125.307 是跳 5081（5083）开关自保持继电器 8BCJ。

（18）U19.101.119 是跳 5051（5052）开关出口继电器 5CKJ。

（19）U19.101.319 是跳 5061（5062）开关出口继电器 6CKJ。

（20）U19.125.119 是备用出口继电器 7CKJ。

（21）U19.125.319 是跳 5081（5083）开关出口继电器 8CKJ。

REB-103 为每个开关都配置了一个出口继电器（1CKJ～8CKJ，中间继电器，不自保持）和一个自保持继电器（1BCJ～8BCJ，双位置继电器，自保持，带红色掉牌）。

三、事故前运行工况

阴天，有大雾，气温22℃。全站处于正常运行方式，设备健康状况良好，未进行过检修。

四、主要事故现象

1. 后台监控现象

（1）监控系统事故音响、预告音响响。

（2）在主接线及间隔监控分画面上，事故涉及开关的状态发生变化。

1）在500kV第五串分画面上，华城线5051开关三相在合闸状态，红灯平光；华城线5052开关三相跳闸，绿灯闪光；

2）在500kV第一串分画面上，水城线5012开关三相跳闸，绿灯闪光；

3）在500kV第三串分画面上，绿城线5031开关三相跳闸，绿灯闪光；

4）在500kV第四串分画面上，2号主变5041开关三相跳闸，绿灯闪光；

5）在500kV第六串分画面上，3号主变5061开关三相跳闸，绿灯闪光；

6）在500kV第八串分画面上，实城线5081开关三相跳闸，绿灯闪光。

（3）潮流发生变化。

1）500kV Ⅰ母频率、电压为零；

2）华城5108线潮流、电压为零。

（4）在相关间隔的光字窗中，有光字牌被点亮。

华城5108线光字窗点亮的光字牌：

1）第一套线路保护装置远跳发信；

2）第二套线路保护装置远跳发信。

华城线5051开关光字窗点亮的光字牌：

1）单元事故总信号；

2）保护总跳闸；

3）失灵保护动作；

4）开关保护失灵延时出口继电器未复归；

5）重合闸装置停用/闭锁；

6）开关SF_6泄漏；

7）开关SF_6总闭锁；

8）开关N_2/油压/开关SF_6总闭锁；

9）开关第一组控制回路断线；

10）开关第二组控制回路断线；

11）华城5108线电能表TV失压报警。

华城线5052开关光字窗点亮的光字牌：

1）单元事故总信号；

2）保护总跳闸；

3）开关第一组控制回路断线；

4）开关第二组控制回路断线。

水城线 5012 开关光字窗点亮的光字牌：

同华城线 5052 开关。

绿城线 5031 开关光字窗点亮的光字牌：

同华城线 5052 开关。

2 号主变 5041 开关光字窗点亮的光字牌：

1）单元事故总信号；

2）保护总跳闸；

3）启动失灵三相跳闸动作；

4）开关第一组控制回路断线；

5）开关第二组控制回路断线。

3 号主变 5061 开关光字窗点亮的光字牌：

1）单元事故总信号；

2）开关第一组控制回路断线；

3）开关第二组控制回路断线；

4）主变/母差保护三相跳闸起动失灵开入；

5）失灵保护 A 相瞬时重跳动作；

6）失灵保护 B 相瞬时重跳动作；

7）失灵保护 C 相瞬时重跳动作。

实城线 5081 开关光字窗点亮的光字牌：

1）单元事故总信号；

2）开关保护装置动作；

3）开关第一组控制回路断线；

4）开关第二组控制回路断线。

500kV Ⅰ 母光字窗点亮的光字牌：

1）500kV Ⅰ母第一套、第二套母差保护三相跳闸；

2）500kV Ⅰ母第一套、第二套母差保护出口保持；

3）TV 失压。

500kV 公用测控 1 光字窗点亮的光字牌：

1）500kV 母线故障录波器启动；

2）500kV 1 号故障录波器启动；

3）500kV 2 号故障录波器启动。

500kV 公用测控 2 光字窗点亮的光字牌：

1）500kV 3 号故障录波器启动；

2）500kV 4 号故障录波器启动。

35kV 公用测控光字窗点亮的光字牌：

主变故障录波器启动。

220kV 正母 I 段光字窗点亮的光字牌：

1）220kV 1 号故障录波器动作；

2）220kV 2 号故障录波器动作。

2. 一次设备现场设备动作情况

（1）水城线 50111 刀闸支持绝缘子 A 相有明显闪络接地痕迹。

（2）华城线 5051 开关三相均在合闸位置。

（3）水城线 5012 开关三相均在分闸位置。

（4）绿城线 5031 开关三相均在分闸位置。

（5）2 号主变 5041 开关三相均在分闸位置。

（6）华城线 5052 开关三相均在分闸位置。

（7）3 号主变 5061 开关三相均在分闸位置。

（8）实城线 5081 开关三相均在分闸位置。

（9）华城线 5051 开关 A 相 SF_6 压力表指示为 0.6MPa。

（10）在华城线 5051 开关中控箱内，SF_6 分合闸总闭锁继电器 K5、K105 动作，分闸 1 总闭锁继电器 K10、分闸 2 总闭锁 K26 继电器失磁。

3. 保护动作情况

（1）在华城 5108 线第一套线路保护屏，线路保护 RED670 面板上 Start 亮平光，装置右侧远跳发信（黄色）。

装置液晶上故障报文信息有：

• DTT-CS（远跳总发信）

• DTT-BICS（远跳发信开入量置位）

• CB1-CLOSE-A（5051 断路器 A 相合位）

• CB1-CLOSE-B（5051 断路器 B 相合位）

• CB1-CLOSE-C（5051 断路器 C 相合位）

（2）在华城 5108 线第二套线路保护屏，RED670 现象同第一套保护屏。

（3）在 500kV I 母第一套母差保护屏，母线保护 REB-103 面板上 Trip L1 红灯亮，并自保持。

（4）在 500kV I 母第一套母差保护屏：

1）跳 5012 开关自保持继电器 1BCJ（U15.101.107）掉牌；

2）跳 5031 开关自保持继电器 3BCJ（U15.101.125）掉牌；

3）跳 5041 开关自保持继电器 4BCJ（U15.101.325）掉牌；

4）跳 5051 开关自保持继电器 5BCJ（U19.101.107）掉牌；

5）跳 5061 开关自保持继电器 6BCJ（U19.101.307）掉牌；

6）跳 5081 开关自保持继电器 8BCJ（U19.125.307）掉牌；

7）保护跳闸/TA 开路信号继电器 1XJ（U15.143.101）掉牌。

（5）500kVⅠ母第二套母差保护屏动作情况同第一套母差保护屏。

（6）在水城线 5012 开关保护屏，开关保护 REC670 面板上 Start 黄灯亮，Trip 红灯亮，A 相跳闸、B 相跳闸、C 相跳闸红灯亮，重合闸被闭锁黄灯亮。

装置液晶界面上主要保护动作信息有：

- TRIP-TRIP（保护装置总跳闸）
- TRIP-TRL1（保护动作跳 A 相）
- TRIP-TRL2（保护动作跳 B 相）
- TRIP-TRL3（保护动作跳 C 相）
- 2/3-PH-TRRET（两相或三相跳闸）
- RETRIP-A（外部启动 A 相跳闸）
- RETRIP-B（外部启动 B 相跳闸）
- RETRIP-C（外部启动 C 相跳闸）
- BLOCK-AR 闭锁重合闸

（7）在绿城线 5031 开关保护屏，REC670 现象同水城线 5012 开关保护屏。

（8）2 号主变 5041 开关保护屏，开关保护 REC670 面板上 Start 黄灯亮，Trip 红灯亮，A 相跳闸、B 相跳闸、C 相跳闸红灯亮。

装置液晶界面上主要保护动作信息有：

- TRIP-TRIP（保护装置总跳闸）
- TRIP-TRL1（保护动作跳 A 相）
- TRIP-TRL2（保护动作跳 B 相）
- TRIP-TRL3（保护动作跳 C 相）
- 2/3-PH-TRRET（两相或三相跳）
- RETRIP-A（外部启动 A 相跳闸）
- RETRIP-B（外部启动 B 相跳闸）
- RETRIP-C（外部启动 C 相跳闸）

（9）在华城线 5051 开关保护屏，开关保护 REC670 面板上 Start 黄灯亮，Trip 红灯亮，A 相跳闸、B 相跳闸、C 相跳闸、失灵延时段动作红灯亮，重合闸被闭锁黄灯亮。

装置液晶界面上主要保护动作信息有：

- TRIP-TRIP（保护装置总跳闸）
- TRIP-TRL1（保护动作跳 A 相）
- TRIP-TRL2（保护动作跳 B 相）
- TRIP-TRL3（保护动作跳 C 相）

- RETRIP-A（外部启动 A 相跳闸）
- RETRIP-B（外部启动 B 相跳闸）
- RETRIP-C（外部启动 C 相跳闸）
- BLOCK-AR（闭锁重合闸）
- BFP-BUTRIP（失灵保护后备跳闸）
- BFP-TRRETL1（失灵保护延时跳 A 相）
- BFP-TRRETL2（失灵保护延时跳 B 相）
- BFP-TRRETL3（失灵保护延时跳 C 相）
- PHASE-A-CLOSE（断路器 A 相合位）
- PHASE-B-CLOSE（断路器 B 相合位）
- PHASE-C-CLOSE（断路器 C 相合位）
- BBP-STBFP（母线保护启动失灵）
- 2/3-PH-TRRET（两相或三相跳闸）

（10）在华城线 5051 开关保护屏，失灵延时重跳/5052 开关失灵延时跳本开关三相出口自保持双位置继电器 4CKJ（U17.113.307）动作、掉牌（红色）。

（11）在华城线 5052 开关保护屏，开关保护 REC670 面板上 Start 黄灯亮，Trip 红灯亮，A 相跳闸、B 相跳闸、C 相跳闸红灯亮，重合闸被闭锁黄灯亮。

装置液晶界面上主要保护动作信息有：

- TRIP-TRIP（保护装置总跳闸）
- TRIP-TRL1（保护动作跳 A 相）
- TRIP-TRL2（保护动作跳 B 相）
- TRIP-TRL3（保护动作跳 C 相）
- RETRIP-A（外部启动 A 相跳闸）
- RETRIP-B（外部启动 B 相跳闸）
- RETRIP-C（外部启动 C 相跳闸）
- BLOCK-AR（闭锁重合闸）
- 2/3-PH-TRRET（两相或三相跳闸）

（12）在 3 号主变 5061 开关保护屏，开关保护 RCS-921A 面板上跳 A、跳 B、跳 C 灯亮。

装置液晶界面上主要保护动作信息有：

- A 相跟跳
- B 相跟跳
- C 相跟跳

（13）在实城线 5081 开关保护屏，开关保护 PSL-632U 面板上重合允许灯灭，保护动作灯亮。

装置液晶界面上主要保护动作信息有：

- 保护启动
- 失灵跟跳 A 相
- 失灵跟跳 B 相
- 失灵跟跳 C 相

（14）在水城线 5012 开关测控屏，操作箱 FCX-22HP 面板上：

1）跳 A Ⅰ、跳 B Ⅰ、跳 C Ⅰ、跳 A Ⅱ、跳 B Ⅱ、跳 C Ⅱ指示灯亮；

2）跳位 A、跳位 B、跳位 C 指示灯亮；

3）合位 A Ⅰ、合位 B Ⅰ、合位 C Ⅰ、合位 A Ⅱ、合位 B Ⅱ、合位 C Ⅱ指示灯灭。

（15）在绿城线 5031 开关测控屏，FCX-22HP 现象同水城线 5012 开关测控屏。

（16）在 2 号主变 5041 开关测控屏，FCX-22HP 现象同水城线 5012 开关测控屏。

（17）在华城线 5051 开关测控屏，操作箱 FCX-22HP 面板上：

1）合位 A Ⅰ、合位 B Ⅰ、合位 C Ⅰ指示灯亮；

2）合位 A Ⅱ、合位 B Ⅱ、合位 C Ⅱ指示灯亮。

（18）在华城线 5052 开关测控屏，FCX-22HP 现象同水城线 5012 开关测控屏。

（19）在 3 号主变 5061 开关测控屏，FCX-22HP 现象同水城线 5012 开关测控屏。

（20）在实城线 5081 开关测控屏，操作箱 CZX-22G 面板上：

1）跳闸信号 A 相 Ⅰ、跳闸信号 B 相 Ⅰ、跳闸信号 C 相 Ⅰ指示灯亮；

2）跳闸信号 A 相 Ⅱ、跳闸信号 B 相 Ⅱ、跳闸信号 C 相 Ⅱ指示灯亮；

3）合闸回路监视 A 相、合闸回路监视 B 相、合闸回路监视 C 相指示灯亮。

4. 故障录波器动作情况

500kV 3 号故障录波器嵌入式录波单元录波指示灯亮，有录波文件。

五、主要处理步骤

（1）记录时间，消除音响。

（2）在故障后 5min 内，值长将收集的开关跳闸等情况简要汇报调度。

（3）记录光字牌并核对正确后复归。

（4）根据所跳开关及监控后台信号等，初步判断故障范围。

（5）派一组运维人员到一次设备现场实地检查：

1）检查水城线 5012 开关、水城线 5013 开关、绿城线 5031 开关、2 号主变 5041 开关、华城线 5051 开关、华城线 5052 开关、3 号主变 5061 开关、实城线 5081 开关的实际位置及外观、SF$_6$ 气体压力、油压、弹簧储能情况等；

2）检查 500kV Ⅰ母母差保护范围内的其他一次设备。

（6）派另一组运维人员到二次设备现场检查保护动作情况，记录保护动作信号并核对正确后复归各保护及其信号，打印故障录波并分析。

（7）根据保护动作信号及现场一次设备检查情况，判断为水城线 50111 刀闸支持绝缘子 A 相闪络接地，500kV Ⅰ母第一套、第二套母差动作跳闸，出口跳与 500kV Ⅰ

母连接的水城线 5012 开关、绿城线 5031 开关、2 号主变 5041 开关、华城线 5051 开关、3 号主变 5061 开关、实城线 5081 开关，但华城线 5051 开关 A 相由于 SF_6 压力总闭锁（0.6MPa）而三相拒跳，故障点无法切除，华城线 5051 开关失灵保护动作，跳开华城线 5052 开关三相并发远跳命令跳开对侧线路开关，同时闭锁开关重合闸。

（8）在故障后 15min 内，值长将故障详情汇报调度及站部管理人员。

（9）隔离故障点及处理：

1）华城线 5051 开关从运行改为冷备用（用两侧刀闸隔离解闭锁操作）；

2）水城线 5012 开关从热备用改为冷备用；

3）绿城线 5031 开关从热备用改为冷备用；

4）2 号主变 5041 开关从热备用改为冷备用；

5）3 号主变 5061 开关从热备用改为冷备用；

6）实城线 5081 开关从热备用改为冷备用；

7）华城线 5052 开关从热备用改为运行（充电）；

8）500kV Ⅰ 母线从冷备用改为检修；

9）水城线 5012 开关从冷备用改为检修；

10）华城线 5051 开关从冷备用改为检修。

（10）做好记录，上报缺陷等。

思 考 题

（1）在 PR51-MM40 刀闸每相有两个绝缘子，其中哪个是支持绝缘子？

（2）正常运行时，CZX-22G 的第 Ⅰ 组、第 Ⅱ 组直流电源监视灯是亮还是灭？

（3）在案例 15 中，开关 A 相拒动的原因是什么？

（4）他能式高压开关的"他能式"是什么意思？

（5）刀闸 PR51-MM40 中 MM40 表示什么含义？

（6）在案例 16 中，故障是如何被切除的？

（7）拒动的 500kV 开关应如何隔离？

（8）500kV 开关失灵保护动作后，为什么要瞬时重跳本开关？

第六章

220kV 母线故障案例分析

[案例 17]　220kV 正母Ⅰ段母线 TV 刀闸母线侧绝缘子闪络接地

一、220kV 正母Ⅰ段 TV 设备配置及主要定值

1. 一次设备配置

(1) 220kV 正母Ⅰ段 TV 2691 刀闸采用 GW7-252DW，水平断口，单接地。

(2) 220kV 正母Ⅰ段 TV 采用 TYD2 220/$\sqrt{3}$－0.01H，电容式。

2. 二次设备配置

(1) 220kV 母线配置两套完全独立的母差保护，均采用深圳南瑞 BP-2B 型母线保护。

(2) 220kV 第一套母差保护由 220kV 正副母Ⅰ段第一套母差保护屏、220kV 正副母Ⅱ段第一套母差保护屏和 220kV 第一套母差电流切换试验端子屏组成。

(3) 220kV 第二套母差保护由 220kV 正副母Ⅰ段第二套母差保护屏、220kV 正副母Ⅱ段第二套母差保护屏和 220kV 第二套母差电流切换试验端子屏组成。

3. 主要定值及其说明

(1) 220kV 1 号母联、正副母分段 TA 变比 4000A/1A，220kV 出线 TA 变比 1600A/1A，主变 220kV TA 变比 3200A/1A。以最大变比 4000A/1A 为基准变比。各间隔失灵以相应间隔 TA 变比为基准。

(2) 母差保护比率差动门槛高值为 0.8A，比率差动门槛低值为 0.4A；复式比例系数高值为 2.0，复式比例系数低值为 1.0；启动元件的相电流突变定值为 0.3A。

二、前置要点分析

1. BP-2B 的差流计算公式

(1) 大差电流　$I_d = I_1 + I_2 + \cdots + I_n$。

(2) Ⅰ母小差电流　$I_{d1} = I_1 \times S_{11} + I_2 \times S_{12} + \cdots + I_n \times S_{1n} - I_{1k} \times S_{1k}$。

(3) Ⅱ母小差电流　$I_{d2} = I_1 \times S_{21} + I_2 \times S_{22} + \cdots + I_n \times S_{2n} + I_{1k} \times S_{1k}$。

其中，以 $I_1+I_2+\cdots+I_n$ 表示各元件电流数字量，以 I_{1k} 表示母联电流数字量；以 S_{11}，S_{12}，$\cdots$，S_{1n}（S_{21}，S_{22}，$\cdots$，S_{2n}）表示各元件 Ⅰ 母（Ⅱ 母）刀闸位置，0 表示刀闸分，1 表示刀闸合；以 S_{1k} 表示母线并列状态，0 表示分列运行，1 表示并列运行。

注意：各元件 TA 的极性端必须一致。一般母联只有一侧有 TA，装置默认母联 TA 的极性与 Ⅱ 母上的元件一致。

2. 220kV 正母 Ⅰ 段 TV

220kV 正母 Ⅰ 段 TV 采用 TYD2 220/$\sqrt{3}$—0.01H，为电容式 TV，其外形如图 6-1 所示，电气原理图如图 6-2 所示。

互感器由电容分压器分压，中间电压变压器将中间电压变为二次电压，补偿电抗器电抗与互感器漏抗之和与等值容抗 $\dfrac{1}{\omega(C_1+C_2)}$ 串联谐振，以消除容抗压降随二次负荷变化引起的电压变化，可使电压稳定。

图 6-1　220kV 正母 Ⅰ 段电容式 TV

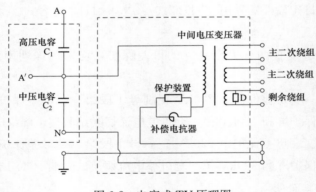

图 6-2　电容式 TV 原理图

三、事故前运行工况

小雨，气温 5℃。全站处于正常运行方式，设备健康状况良好，未进行检修。

四、主要事故现象

1. 后台监控现象

（1）监控系统事故音响、预告音响响。

（2）在主接线及间隔监控分画面上，事故涉及开关的状态发生变化。

1）在小清 2281 线分画面上，小清 2281 开关三相跳闸，绿灯闪光；

2）在小明 2287 线分画面上，小明 2287 开关三相跳闸，绿灯闪光；

3）在 220kV 1 号母联分画面上，220kV 1 号母联开关三相跳闸，绿灯闪光；

4）在 220kV 正母分段分画面上，220kV 正母分段开关三相跳闸，绿灯闪光。

（3）发生潮流变化。

1）220kV 正母 I 段潮流为零。

2）220kV 正母 I 段电压为零。

（4）在相关间隔的光字窗中，有光字牌被点亮。

220kV 正母 I 段光字窗点亮的光字牌：

1）220kV 第一套母差保护动作；

2）220kV 第二套母差保护动作；

3）220kV 第一套母差保护 TV 断线/复合电压闭锁开放；

4）220kV 第二套母差保护 TV 断线/复合电压闭锁开放；

5）220kV 第一套母差保护开入变位/异常；

6）220kV 第二套母差保护开入变位/异常；

7）TV 失压；

8）220kV 1 号故障录波器启动；

9）220kV 2 号故障录波器启动。

小清 2281 线光字窗点亮的光字牌：

1）单元事故总信号；

2）第一组出口跳闸；

3）第二组出口跳闸；

4）第一组控制回路断线；

5）第二组控制回路断线；

6）操作箱事故跳闸信号。

小明 2287 线光字窗点亮的光字牌：

同小清 2281 线。

220kV 正母分段光字窗点亮的光字牌：

1）单元事故总信号；

2）第一组出口跳闸；

3）第二组出口跳闸；

4）第一组控制回路断线；

5）第二组控制回路断线。

220kV 1 号母联光字窗点亮的光字牌：

同 220kV 正母分段。

500kV 公用测控 1 光字窗点亮的光字牌：

1）500kV 母线故障录波器启动；

2）500kV 1 号故障录波器启动；

3）500kV 2 号故障录波器启动。

500kV 公用测控 2 光字窗点亮的光字牌：

1）500kV 3 号故障录波器启动；

2）500kV 4 号故障录波器启动。

35kV 公用测控光字窗点亮的光字牌：

主变故障录波器启动。

2．一次设备现场设备动作情况

（1）220kV 正母 I 段 A 相母线 TV 刀闸母线侧绝缘子有明显的放电闪络痕迹。

（2）小清 2281 开关三相均处于分闸位置。

（3）小明 2287 开关三相均处于分闸位置。

（4）220kV 1 号母联开关三相均处于分闸位置。

（5）220kV 正母分段开关三相均处于分闸位置。

3．保护动作情况

（1）在 220kV 正副母 I 段第一套母差保护屏，母线保护 BP-2B 面板上左侧差动动作/母联失灵 I 灯亮，右侧差动动作、开入变位、TV 断线灯亮。

装置液晶界面上主要保护动作信息有：

- 在模拟图上，220kV 1 号母联、220kV 正母分段开关在分位
- 220kV 正母 I 段母差动作

（2）在 220kV 正副母 I 段第二套母差保护屏，BP-2B 现象同第一套。

（3）在小清 2281 线第二套保护屏，操作箱 CZX-12R2 面板上：

1）第一组跳闸回路 A 相、B 相、C 相监视灯 OP 灭；

2）第二组跳闸回路 A 相、B 相、C 相监视灯 OP 灭；

3）第一组跳闸回路跳 A 相、B 相、C 相指示灯 TA、TB、TC 亮；

4）第二组跳闸回路跳 A 相、B 相、C 相指示灯 TA、TB、TC 亮。

（4）在小明 2287 线第二套保护屏，CZX-12R2 现象同小清 2281 线第二套保护屏。

（5）在 220kV 1 号母联保护屏，CZX-12R2 现象同小清 2281 线第二套保护屏。

（6）在 220kV 正母分段开关保护屏，CZX-12R2 现象同小清 2281 线第二套保护屏。

4．故障录波器动作情况

220kV 1 号故障录波器嵌入式录波单元录波指示灯亮，有录波文件。

五、主要处理步骤

（1）记录时间，消除音响。

（2）在故障后 5min 内，值长将收集的开关跳闸等情况简要汇报调度。

（3）记录光字牌并核对正确后复归。

（4）根据所跳开关及监控后台信号等，初步判断故障范围。

（5）派一组运维人员到一次设备现场检查小清 2281、小明 2287、220kV 1 号母联、

220kV 正母分段开关的实际位置及外观、SF$_6$ 气体压力、弹簧机构储能等情况，重点检查 220kV 正母Ⅰ段母线保护范围内的一次设备。

（6）派另一组运维人员到二次设备现场检查保护动作情况，记录保护动作信号并核对正确后复归各保护及其信号，打印故障录波并分析。

（7）根据保护动作信号及现场一次设备检查情况，判断为 220kV 正母Ⅰ段 A 相母线 TV 刀闸母线侧绝缘子闪络接地，造成 220kV 正母Ⅰ段母差保护动作，跳开小清 2281、小明 2287、220kV 1 号母联、220kV 正母分段开关，闭锁小清 2281、小明 2287 开关的重合闸，并启动远方跳闸跳对侧开关。

（8）在故障后 15min 内，值长将故障详情汇报调度及站部管理人员。

（9）隔离故障点及处理：

1）220kV 1 号母联开关由热备用改为冷备用；

2）220kV 正母分段开关由热备用改为冷备用；

3）小清 2281 开关由正母Ⅰ段热备用改为副母Ⅰ段运行（冷倒）；

4）小明 2287 开关由正母Ⅰ段热备用改为副母Ⅰ段运行（冷倒）；

5）220kV 正母Ⅰ段由冷备用改为检修；

6）220kV 正母Ⅰ段母线 TV 由冷备用改为检修。

（10）做好记录，上报缺陷等。

六、补充说明

严禁故障母线 TV 二次回路同正常运行的母线 TV 二次回路并列。

［案例 18］　一起 220kV 母联死区故障

一、设备配置及主要定值

1. 一次设备配置

（1）220kV 2 号母联 2612 开关采用 3AP1-FG。

（2）220kV 2 号母联 2612 开关正、副母刀闸均采用 DR21-MM40，水平断口，单接地。

（3）220kV 2 号母联 2612 开关所在的局部主接线如图 6-3 所示。

2. 二次设备配置

（1）220kV 2 号母联/副母分段保护屏由 220kV 2 号母联保护 RCS-923A 及操作箱 CZX-12R2、220kV 副母分段保护 RCS-923A 及操作箱 CZX-12R2 组成。

（2）220kV 母线配置两套完全独立的母差保护，均采用 BP-2B 型母线保护。

（3）220kV 第一套母差保护由 220kV 正副母Ⅰ段第一套母差保护屏、220kV 正副母Ⅱ段第一套母差保护屏和 220kV 第一套母差电流切换试验端子屏组成。

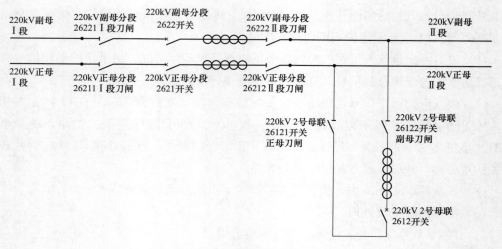

图 6-3 220kV 2 号母联接线图

（4）220kV 第二套母差保护由 220kV 正副母Ⅰ段第二套母差保护屏、220kV 正副母Ⅱ段第二套母差保护屏和 220kV 第二套母差电流切换试验端子屏组成。

3. 主要定值及其说明

（1）220kV 2 号母联充电解列保护 RCS-923A 中，仅使用其中的解列保护、充电保护功能。正常运行时，充电保护、过流保护的投退压板应放在停用位置。当 220kV 2 号母线开关向母线设备冲击时，采用定值Ⅱ，用上过流保护压板，投入过流解列保护。

（2）在 RCS-923A 定值Ⅱ中，电流变化量启动值为 0.1A，零序启动电流值为 0.1A；相电流过流Ⅰ段定值为 0.3A，相电流过流Ⅰ段时间定值为 0.01s，TA 变比为 4000A/1A。

（3）在正常运行时，220kV 正副母Ⅱ段母线第一套母差保护的分列压板停用。当 220kV 2 号母联开关断开时应投入对应分列压板。

（4）在正常运行时，220kV 正副母Ⅱ段母线第二套母差保护的分列压板停用。当 220kV 2 号母联开关断开时应投入对应分列压板。

二、前置要点分析

1. 220kV BP-2B 型母线保护面板

当 220kV 某段母线发生母差保护动作时，相应的差动动作Ⅰ（或Ⅱ）、差动开放Ⅰ（或Ⅱ）、差动动作红灯均会点亮；当 220kV 某段母线发生失灵（含母联失灵）保护动作时，相应的失灵动作Ⅰ（或Ⅱ）、失灵开放Ⅰ（或Ⅱ）、失灵动作红灯均会点亮。但不管是母差动作还是失灵（含母联失灵）动作，220kV 母线间隔光字牌均显示 220kV 第×套母差保护动作、220kV 第×套母差保护 TV 断线/复合电压闭锁开放。

220kV BP-2B 型母线保护正常运行时，面板上的指示灯状态如图 6-4 所示。

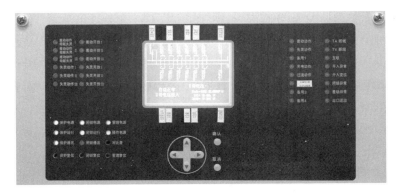

图 6-4　220kV BP-2B 型母线保护面板指示灯状态

2. 分列压板

为了保证母联开关的状态能正确地读入到 BP-2B 母差保护，将母联开关的动合触点和动断触点同时引入 BP-2B 母差保护，以便互相校验。但是如果母联开关处于分闸状态，其动合触点和动断触点由于某种原因切换不正常，将造成母联开关的分合闸状态与引入 BP-2B 母差保护的状态不一致。若此时母联开关的分列压板漏投，发生母联死区故障时，在极端情况下，可能造成两段母线的母差和失灵均拒动的严重后果。

本例中，如果母联开关的状态正确读入 BP-2B 母差保护，或母联分列压板能按规定要求及时投退，发生母联死区故障时，将由 220kV 副母 II 段母差保护动作出口跳闸，跳开 220kV 副母 II 段上所有元件后就能切除故障点，可大大缩小故障范围。因此，在拉开母联（母分）开关的后一步，应及时放上分列压板，在合上母联（母分）开关的前一步，应及时取下分列压板。

三、事故前运行工况

晴天，气温 25℃。设备健康状况良好，除 220kV 系统 2 号母联 2622 开关检修工作刚结束外，其余设备均正常运行。

正进行复役操作，2 号母联开关接入母差保护的辅助接点由于某种原因仍在合位且 2 号母联开关分列压板漏投，事故前刚合上 2 号母联副母刀闸。

四、主要事故现象

1. 后台监控现象

（1）监控系统事故音响、预告音响响。

（2）在主接线及间隔监控分画面上，事故涉及开关的状态发生变化。

1）在小江 2289 线分画面上，小江 2289 开关三相跳闸，绿灯闪光；

2）在小荷 2290 线分画面上，小荷 2290 开关三相跳闸，绿灯闪光；

3）在小烟 2295 线分画面上，小烟 2295 开关三相跳闸，绿灯闪光；

4）在小溪 2296 线分画面上，小溪 2296 开关三相跳闸，绿灯闪光；

5）在 3 号主变 220kV 侧分画面上，3 号主变 2603 开关三相跳闸，绿灯闪光；

6）在 220kV 正母分段分画面上，220kV 正母分段开关三相跳闸，绿灯闪光；

7）在 220kV 副母分段分画面上，220kV 副母分段开关三相跳闸，绿灯闪光；

8）在 220kV 2 号母联分画面上，220kV 2 号母联开关三相跳闸，绿灯平光。

（3）潮流发生变化。

1）220kV 正、副母Ⅱ段潮流均为零。

2）220kV 正、副母Ⅱ段电压均为零。

（4）在相关间隔的光字窗中，有光字牌被点亮。

220kV 正母Ⅱ段光字窗点亮的光字牌：

1）220kV 第一套母差保护动作；

2）220kV 第二套母差保护动作；

3）220kV 第一套母差保护开入变位/异常；

4）220kV 第二套母差保护开入变位/异常；

5）220kV 1 号故障录波器启动；

6）220kV 2 号故障录波器启动；

7）TV 失压；

8）220kV 第一套母差保护 TV 断线/复合电压闭锁开放；

9）220kV 第二套母差保护 TV 断线/复合电压闭锁开放。

220kV 副母Ⅱ段光字窗点亮的光字牌：

TV 失压。

小江 2289 线光字窗点亮的光字牌：

1）单元事故总信号；

2）第一组出口跳闸；

3）第二组出口跳闸；

4）第一组控制回路断线；

5）第二组控制回路断线；

6）操作箱事故跳闸信号。

小荷 2290 线光字窗点亮的光字牌：

同小江 2289 线。

小烟 2295 线光字窗点亮的光字牌：

同小江 2289 线。

小溪 2296 线光字窗点亮的光字牌：

同小江 2289 线。

220kV 正母分段光字窗点亮的光字牌：

1）单元事故总信号；

2）第一组出口跳闸；

3）第二组出口跳闸；

4）第一组控制回路断线；

5）第二组控制回路断线。

220kV 副母分段光字窗点亮的光字牌：

同 220kV 正母分段。

3 号主变 2603 开关光字窗点亮的光字牌：

同 220kV 正母分段。

500kV 公用测控 1 光字窗点亮的光字牌：

1）500kV 母线故障录波器启动；

2）500kV 1 号故障录波器启动；

3）500kV 2 号故障录波器启动。

500kV 公用测控 2 光字窗点亮的光字牌：

1）500kV 3 号故障录波器启动；

2）500kV 4 号故障录波器启动。

35kV 公用测控光字窗点亮的光字牌：

主变故障录波器启动。

2．一次设备现场设备动作情况

（1）220kV 2 号母联开关与母联独立 TA 之间的 A、C 相导线上有放电痕迹，导线下方的地面上有明显的钢丝被电弧烧断痕迹，其他设备未见异常。

（2）小江 2289 开关三相均处于分闸位置。

（3）小烟 2295 开关三相均处于分闸位置。

（4）3 号主变 2603 开关三相均处于分闸位置。

（5）小荷 2290 开关三相均处于分闸位置。

（6）小溪 2296 开关三相均处于分闸位置。

（7）220kV 正母分段开关三相均处于分闸位置。

（8）220kV 副母分段开关三相均处于分闸位置。

3．保护动作情况

（1）在 220kV 正副母Ⅱ段第一套母差保护屏，母线保护 BP-2B 面板上左侧差动动作/母联失灵Ⅰ、差动动作/母线失灵Ⅱ灯亮，右侧差动动作、失灵动作、开入变位灯亮。

装置液晶界面上主要保护动作信息有：

- 在模拟图上，220kV 正母分段 2621 开关、副母分段 2622 开关在分位；

- 在模拟图上，220kV 2 号母联 2612 开关在合位；

- 220kV 正母Ⅱ段母差动作；

- 220kV 副母Ⅱ段母差动作。

（2）在 220kV 正副母Ⅱ段第二套母差保护屏，BP-2B 现象同第一套。

（3）在小江 2289 线第二套线路保护屏，操作箱 CZX-12R2 面板上：

1）第一组跳闸回路 A 相、B 相、C 相监视灯 OP 灭；

2）第二组跳闸回路 A 相、B 相、C 相监视灯 OP 灭；

3）第一组跳闸回路跳 A 相、B 相、C 相指示灯 TA、TB、TC 亮；

4）第二组跳闸回路跳 A 相、B 相、C 相指示灯 TA、TB、TC 亮。

（4）在小荷 2290 线第二套线路保护屏，CZX-12R2 现象同小江 2289 线。

（5）在小烟 2295 线第二套线路保护屏，CZX-12R2 现象同小江 2289 线。

（6）在小溪 2296 线第二套线路保护屏，CZX-12R2 现象同小江 2289 线。

（7）在 220kV 1 号母联/正母分段开关保护屏，220kV 正母分段开关操作箱 CZX-12R2 面板上第一、二组 TA、TB、TC 红灯均亮。

（8）在 220kV 2 号母联/副母分段开关保护屏，220kV 副母分段开关操作箱 CZX-12R2 面板上第一、二组 TA、TB、TC 红灯均亮。

（9）在 3 号主变 220kV 侧测控屏，操作箱 PST-1212 面板上：

1）合闸位置Ⅰ、合闸位置Ⅱ指示灯灭；

2）跳闸位置指示灯亮；

3）Ⅰ跳闸起动、Ⅱ跳闸启动指示灯亮；

4）保护 1 跳闸、保护 2 跳闸指示灯亮。

4. 故障录波器动作情况

220kV 1 号、2 号故障录波器嵌入式录波单元录波指示灯亮，有录波文件。

五、主要处理步骤

（1）记录时间，消除音响。

（2）在故障后 5min 内，值长将收集的开关跳闸等情况简要汇报调度，并注意监视 2 号主变的潮流、系统电压和频率。

（3）记录光字牌并核对正确后复归。

（4）根据所跳开关及监控后台信号等，初步判断故障范围。

（5）派一组运维人员到一次设备现场实地检查：

1）检查小江 2289 开关、小荷 2290 开关、小烟 2295 开关、小溪 2296 开关、3 号主变 2603 开关、220kV 正母分段开关、220kV 副母分段开关、220kV 2 号母联开关的实际位置及外观、SF$_6$ 气体压力、弹簧机构储能情况等；

2）检查 220kV 正、副Ⅱ段母线保护范围内一次设备。

（6）派另一组运维人员到二次设备现场检查保护动作情况，记录保护动作信号并核对正确后复归各保护及其信号，打印故障录波并分析。

（7）根据保护动作信号及现场一次设备检查情况，初步判断为 220kV 2 号母联开关检修后，在母联开关与母联 TA 之间导线上有钢丝遗留物。当合上 220kV 2 号母联副母刀闸后，发生 A、C 相间短路故障，2 号母联开关辅助触点由于某种原因仍在合位且 2

号母联分列压板漏投，220kV 正母Ⅱ段母差保护动作，跳开小江 2289 开关、小烟 2295 开关、3 号主变 2603 开关、220kV 正母分段开关。因故障点未切除，220kV 正母Ⅱ段母差保护动作信号不返回，2 号母联 TA 仍检测到故障电流，故经 150ms 延时后 2 号母联失灵保护动作，封母联 TA。母联 TA 退出运行后，220kV 副母Ⅱ段母差动作出口，跳开该母线上的小荷 2290 开关、小溪 2296 开关、220kV 副母分段开关。

（8）在故障后 15min 内，值长将故障详情汇报调度及站部管理人员。

（9）隔离故障点及处理：

1）收回"220kV 2 号母联开关由冷备用改为运行"操作指令，并将 220kV 2 号母联开关恢复至操作前的状态；

2）220kV 正母分段开关由热备用改为运行（充电合闸）；

3）3 号主变 2603 开关由热备用改为正母运行；

4）小江 2289 开关由热备用改为正母运行；

5）小烟 2295 开关由热备用改为正母运行；

6）220kV 副母分段开关由热备用改为运行（充电合闸）；

7）小溪 2296 开关由热备用改为副母运行；

8）小江 2289 开关由热备用改为副母运行；

9）220kV 2 号母联开关由冷备用改为开关检修。

（10）做好记录，上报缺陷等。

六、补充说明

当单套母差运行，1 号、2 号母联开关分列运行时，若 BP-2B 母差保护由于开关辅助触点原因将 2 号母联开关识别为合位，且 2 号母联开关的分列压板漏投，此时如果发生 2 号联死区故障，则 220kV 正母Ⅱ段差动复合电电压闭锁元件将不会开放，220kV 正母Ⅱ段母差保护拒动，2 号母联失灵保护也无法动作。对于 220kV 副母Ⅱ段母差来说，由于 220kV 2 号母联开关 TA 仍计入副母Ⅱ段母差小差，故障点属于副母Ⅱ段母差保护范围外，小差复式比率不会动作，220kV 副母Ⅱ段母差保护也拒动。最后只能由线路对侧的后备保护动作跳开对侧开关，2 号、3 号主变 220kV 后备距离保护动作跳开主变三侧开关，全站 220kV 系统失压。

［案例 19］ 小清 2281 线独立 TA 着火

一、小清 2281 线设备配置及主要定值

1. 一次设备配置

（1）小清 2281 开关采用 3AP1-FI。

（2）电流互感器采用 LVB-220W3。

2. 二次设备配置

(1) 小清 2281 线第一套线路保护屏采用国电南自的 GPSL603GA-102 线路保护屏，配置 PSL-603GA 型线路保护、PSL-631C 型开关保护（失灵、重合闸）。

(2) 小清 2281 线第二套线路保护屏采用南瑞继保的 PRC31A-02Z 线路保护屏，配置 RCS-931A 型线路保护、CZX-12R2 型操作箱。

3. 主要定值及其说明

(1) 小清 2281 线全长为 23.771km。

(2) PSL-603GA 型保护的接地距离 I 段阻抗定值 ZD1 为 3.2Ω。

(3) RCS-931A 型保护的接地距离 I 段阻抗定值为 3.2Ω。

二、前置要点分析

1. CZX-12R2 分相操作箱

CZX-12R2 型分相操作箱按超高压输电线路继电保护统一设计原则设计而成，含有两组分相跳闸回路、1 组分相合闸回路及交流电压切换回路、直流电源监视切换回路，可为单母线或双母线接线方式下的双跳圈开关配合使用，保护装置和其他有关设备均可通过操作继电器装置实现开关的分合操作。

CZX-12R2 型分相操作箱面板如图 6-5 所示，面板上信号灯说明如下：

OP 灯：跳闸回路监视灯，当开关在合上位置时亮，从左到右分别为第一组跳闸回路 A、B、C 相和第二组跳闸回路 A、B、C 相的监视灯。

TA、TB、TC 灯：保护动作跳 A、B、C 相指示灯，左侧为第一组跳闸回路，右侧为第二组跳闸回路，动作后自保持，可用操作箱信号复归按钮复归。

CH 灯：重合闸合闸出口动作，信号动作后自保持，可用操作箱信号复归按钮复归。

L1 灯：正母刀闸合位指示灯，正母刀闸在合上位置时亮，交流电压取自正母 TV。

L2 灯：副母刀闸合位指示灯，副母刀闸在合上位置时亮，交流电压取自副母 TV。

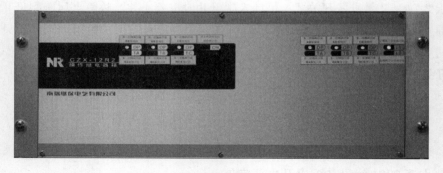

图 6-5　正常运行时，CZX-12R2 型分相操作箱面板指示灯状态

2. 线路独立 TA

线路独立 TA 是继电保护测量故障电流的重要元件，且大多为充油设备，它的安全稳定运行直接影响继电保护动作范围，因此，平时应加强设备巡视和红外测温工作。一

且发现独立 TA 渗漏油等异常，应及时上报缺陷并进行消缺处理，必要时应向调度申请紧急停运线路。小清 2281 线独立 TA 如图 6-6 所示。

图 6-6　小清 2281 线独立 TA

三、事故前运行工况

阴天，气温 22℃。全站处于正常运行方式，设备健康状况良好，未进行检修。

四、主要事故现象

1. 后台监控现象

（1）监控系统事故音响、预告音响响。

（2）在主接线及间隔监控分画面上，事故涉及开关的状态发生变化。

1）在小清 2281 线分画面上，小清 2281 开关三相跳闸，绿灯闪光；

2）在小明 2287 线分画面上，小明 2287 开关三相跳闸，绿灯闪光；

3）在 220kV 1 号母联分画面上，220kV 1 号母联开关三相跳闸，绿灯闪光；

4）在 220kV 正母分段分画面上，220kV 正母分段开关三相跳闸，绿灯闪光。

（3）潮流发生变化。

1）220kV 正母Ⅰ段潮流为零；

2）220kV 正母Ⅰ段电压为零。

（4）在相关间隔的光字窗中，有光字牌被点亮。

小清 2281 光字窗点亮的光字牌：

1）单元事故总信号；

2）PSL-603GA 保护跳闸；

3）RCS-931A 保护动作；

4）第一组出口跳闸；

5）第二组出口跳闸；

6）第一组控制回路断线；

7）第二组控制回路断线；

8）操作箱事故跳闸信号。

220kV 正母 I 段光字窗点亮的光字牌：

1）220kV 第一套母差保护动作；

2）220kV 第二套母差保护动作；

3）220kV 第一套母差保护 TV 断线/复合电压闭锁开放；

4）220kV 第二套母差保护 TV 断线/复合电压闭锁开放；

5）220kV 1 号故障录波器启动；

6）220kV 2 号故障录波器启动。

小明 2287 线光字窗点亮的光字牌：

1）单元事故总信号；

2）第一组出口跳闸；

3）第二组出口跳闸；

4）第一组控制回路断线；

5）第二组控制回路断线；

6）操作箱事故跳闸信号。

220kV 正母分段光字窗点亮的光字牌：

1）单元事故总信号；

2）第一组出口跳闸；

3）第二组出口跳闸；

4）第一组控制回路断线；

5）第二组控制回路断线。

220kV 1 号母联光字窗点亮的光字牌：

同 220kV 正母分段。

500kV 公用测控 1 光字窗点亮的光字牌：

1）500kV 母线故障录波器启动；

2）500kV 1 号故障录波器启动；

3）500kV 2 号故障录波器启动。

500kV 公用测控 2 光字窗点亮的光字牌：

1）500kV 3 号故障录波器启动；

2）500kV 4 号故障录波器启动。

35kV 公用测控光字窗点亮的光字牌：

主变故障录波器启动。

2．一次设备现场设备动作情况

（1）小清 2281 线独立 TA 的 A 相着火，附近其他设备未受波及。

（2）小清 2281 开关三相均处于分闸位置。

（3）小明 2287 开关三相均处于分闸位置。

（4）220kV 1 号母联开关三相均处于分闸位置。

（5）220kV正母分段开关三相均处于分闸位置。

3. 保护动作情况

（1）在小清2281线第一套保护屏，线路保护PSL-603GA面板上跳A红灯亮，自保持。

装置液晶界面上主要保护动作信息有：

- 11ms，差动保护A跳出口
- 12ms，接地距离Ⅰ段动作
- 故障类型和测距：A相接地，0.27km
- 测距阻抗值：$0.367+j1.24\Omega$
- 故障相电流：26.3kA
- 故障零序电流：25.97kA
- 故障差动电流：27.69kA

（2）在小清2281线第一套保护屏，开关保护PSL-631C面板上运行灯闪光，重合允许灯熄灭。

装置液晶界面上主要保护动作信息有：

- 00ms，综重重合闸启动　CPU2
- 09ms，综重沟通三跳　CPU2

（3）在小清2281线第二套保护屏，线路保护RCS-931A面板上跳A红灯亮，自保持。

装置液晶界面上主要保护动作信息有：

- 7ms，工频变化量阻抗
- 9ms，电流差动保护
- 25ms，距离Ⅰ段动作
- 故障测距：0.31km
- 故障相别：A
- 故障相电流：26.5kA
- 故障零序电流：26.13kA
- 故障差动电流：28.78kA

（4）在小清2281线第二套保护屏，操作箱CZX-12R2面板上：

1）第一组跳闸回路A相、B相、C相监视灯OP灭；

2）第二组跳闸回路A相、B相、C相监视灯OP灭；

3）第一组跳闸回路跳A相、B相、C相指示灯TA、TB、TC亮；

4）第二组跳闸回路跳A相、B相、C相指示灯TA、TB、TC亮。

（5）在小明2287线第二套保护屏，CZX-12R2现象同小清2281线。

（6）在220kV 1号母联/正母分段开关保护屏，1号母联2611开关CZX-12R2现象同小清2281线。

（7）在220kV 1号母联/正母分段开关保护屏，正母分段2621开关CZX-12R2现象同小清 2281 线。

（8）在 220kV 正副母 I 段第一套母差保护屏，母差保护 BP-2B 面板上左侧差动动作/母联失灵 I 灯亮，右侧差动动作、开入变位、TV 断线灯亮。

装置液晶界面上主要保护动作信息有：

- 在模拟图上，220kV 1 号母联、220kV 正母分段开关在分位
- 220kV 正母 I 段母差动作

（9）在 220kV 正副母 I 段第二套母差保护屏，BP-2B 现象同第一套。

4. 故障录波器动作情况

220kV 1 号故障录波器嵌入式录波单元录波指示灯亮，有录波文件。

五、主要处理步骤

（1）记录时间，消除音响。

（2）在故障后 5min 内，值长将收集的开关跳闸等情况简要汇报调度。

（3）记录光字牌并核对正确后复归。

（4）根据所跳开关及监控后台信号等，初步判断故障范围。

（5）派一组运维人员到一次设备现场实地检查：

1）检查小清 2281 开关、小明 2287 开关、220kV 1 号母联 2611 开关、220kV 正母分段 2621 开关的实际位置及外观、SF_6 气体压力、弹簧机构储能情况等；

2）重点检查小清 2281 母差和线路保护范围内的站内设备。现场检查发现小清 2281 线独立 TA 的 A 相着火，立即汇报调度和当值值长。

（6）派另一组运维人员到二次设备现场检查保护动作情况，记录保护动作信号并核对正确后复归各保护及其信号，打印故障录波并分析。

（7）立即组织人员进行灭火，灭火时应注意人身安全。根据火情拨打 119 火警电话，消防队员到达后，做好引导，防止事故扩大。

（8）根据保护动作信号及现场一次设备检查情况，判断为小清 2281 线独立 TA 的 A 相着火，造成小清 2281 线第一、二套主保护动作出口，且该独立 TA 又在母差保护范围内，故 220kV 正母 I 段母差保护动作，跳开小明 2287 开关、220kV 1 号母联 2611 开关、220kV 正母分段 2621 开关，并闭锁小清 2281 开关、小明 2287 开关的重合闸，同时启动远跳跳小清 2281 线、小明 2287 线对侧开关。

（9）在故障后 15min 内，值长将故障详情汇报调度及站部管理人员。

（10）隔离故障点及处理：

1）小清 2281 开关由热备用改为冷备用；

2）220kV 1 号母联开关由热备用改为运行（充电合闸）；

3）小明 2287 开关由热备用改为正母运行；

4）220kV 正母分段开关由热备用改为运行；

5）小清 2281 线由冷备用改为开关检修。

（11）做好记录，上报缺陷等。

思 考 题

（1）电容式 TV 中的补偿电抗器起什么作用？

（2）为什么严禁故障母线 TV 二次回路同正常运行的母线 TV 二次回路并列？

（3）在案例 18 中，为什么合上 220kV 2 号母联副母刀闸时，会发生 A、C 相间短路故障？

（4）在案例 18 中，若发生故障前 220kV 1 号母联开关已断开，则 220kV 正母 Ⅱ 段差动复合电压闭锁元件会不会开放，为什么？

（5）分列压板的作用是什么？

（6）在案例 19 中，为什么 220kV 正母 Ⅰ 段母差保护会动作？

（7）为什么母差保护动作后要闭锁开关的重合闸？

第七章

35kV 母线及无功设备故障案例分析

[案例20] 2号主变1号低抗A相内部短路

一、设备配置及主要定值

1. 一次设备配置

(1) 2号主变1号低抗采用 BKK-20000/35，干式空心。

(2) 2号主变1号低抗 321 开关采用 3AP1-FG。

(3) 2号主变1号低抗 3211 刀闸采用 DR01-MM25，水平断口，单接地。

2. 二次设备配置

(1) 2号主变1号低抗保护采用 CSC-231。

(2) 2号主变1号低抗测控装置采用 REF-545C。

3. 主要定值及其说明

(1) 2号主变1号低抗电流速断保护（过流 I 段）电流定值为 4A，时间定值为 0.1s。

(2) 2号主变1号低抗过流保护（过流 II 段）电流定值为 1.2A，时间定值为 0.3s。

(3) 2号主变1号低抗欠电流 I 段电流定值为 0.4A，时间定值为 0.3s。

(4) 2号主变1号低抗欠电流 II 段电流定值为 0.4A，时间定值为 0.6s。

(5) 2号主变1号低抗 TA 变比为 1600A/1A，TV 变比为 35kV/0.1kV。

二、前置要点分析

1. 低抗开关接线方式

35kV 低抗的作用为吸收系统无功，调整系统电压，改善电压质量，对系统内部过电压也起到一定限制作用。BKK-20000/35 型低抗为单相、户外、干式、自冷、空心，由北京电力设备总厂生产。

低抗接在主变低压侧 35kV 母线上，由开关实现投切以达到调压目的。其接线方式可分为开关前置式、开关后置式两种。开关后置式的低抗状态有运行、充电、冷备用、检修等，而开关前置式的低抗状态有运行、热备用、冷备用、检修。

500kV 小城变电站采用低抗开关后置式接线方式，如图 7-1 所示。平时低抗开关只起操作低抗的作用,当低抗发生故障或35kV母线故障时,直接跳主变35kV总开关。这种接线方式优点在于可以选用轻型开关,节约了设备成本,同时也在一定程度上节约了一次设备现场场地空间。

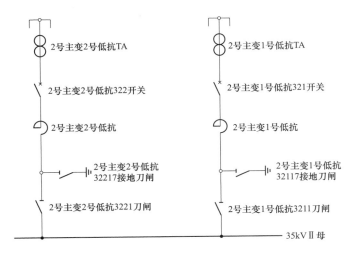

2号主变2号低抗TA
2号主变2号低抗322开关
2号主变2号低抗
2号主变2号低抗32217接地刀闸
2号主变2号低抗3221刀闸

2号主变1号低抗TA
2号主变1号低抗321开关
2号主变1号低抗
2号主变1号低抗32117接地刀闸
2号主变1号低抗3211刀闸

35kVⅡ母

图7-1 低抗开关后置式接线

2. CSC-231型低抗保护

CSC-231型低抗保护经控制字置投的功能包括电流速断保护(即过流Ⅰ段)、过流保护(即过流Ⅱ段)、低流保护Ⅰ段(即欠电流Ⅰ段)、低流保护Ⅱ段(即欠电流Ⅱ段)。电流速断保护、过流保护、低流保护Ⅰ段动作出口跳2号主变1号低抗321开关,低流保护Ⅱ段动作出口跳2号主变3520开关。

CSC-231型低抗保护装置面板如图7-2所示,面板左侧LED信号灯具体信息说明如下:

(1)运行/告警:绿灯常亮表示保护装置正常运行,红灯闪烁表示保护装置自检出内部故障。

(2)电流速断保护:绿灯亮表示过流Ⅰ段保护功能投入,红灯亮表示过流Ⅰ段保护动作。

(3)过流保护:绿灯亮表示过流Ⅱ段保护功能投入,红灯亮表示过流Ⅱ段动作。

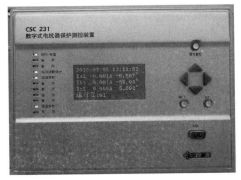

图7-2 CSC-231型低抗保护面板

(4)低流保护:绿灯亮表示低流保护功能投入,红灯亮表示低流保护动作。

三、事故前运行工况

雷雨,气温22℃。除2号主变1号低抗、2号主变2号低抗投入运行外,全站处于正常运行方式,设备健康状况良好,未进行过检修。

四、主要事故现象

1. 后台监控现象

（1）后台监控系统事故音响、预告音响响。

（2）在 2 号主变 1 号低抗分画面上，2 号主变 1 号低抗 321 开关跳闸，绿灯闪光。

（3）潮流发生变化。

1）2 号主变 1 号低抗电流为零。

2）2 号主变 1 号低抗无功为零。

（4）在相关间隔的光字窗中，有光字牌被点亮。

2 号主变 1 号低抗光字窗点亮的光字牌：

1）单元事故总信号；

2）保护动作；

3）保护装置告警/呼唤；

4）保护事故跳闸信号。

500kV 公用测控 1 光字窗点亮的光字牌：

1）500kV 母线故障录波器启动；

2）500kV 1 号故障录波器启动；

3）500kV 2 号故障录波器启动。

500kV 公用测控 2 光字窗点亮的光字牌：

1）500kV 3 号故障录波器启动；

2）500kV 4 号故障录波器启动。

220kV 正母 I 段光字窗点亮的光字牌：

1）220kV 1 号故障录波器启动；

2）220kV 2 号故障录波器启动。

35kV 公用测控光字窗点亮的光字牌：

主变故障录波器启动。

小荷 2290 线光字窗点亮的光字牌：

1）第一套高频保护收发信机动作；

2）第二套高频保护收发信机动作。

小江 2289 线光字窗点亮的光字牌：

同小荷 2290 线。

2. 一次设备现场设备动作情况

（1）2 号主变 1 号低抗 A 相内部有匝间短路痕迹。

（2）2 号主变 1 号低抗 321 开关三相均处于分闸位置。

3. 保护动作情况

在 2 号主变 35kV 低抗保护屏，2 号主变 1 号低抗保护 CSC-231 面板上电流速断保护（过流Ⅰ段）红灯亮。

装置液晶界面上主要保护动作信息有：

- ［时间］
- 保护启动 0.102
- 过流Ⅰ段 A 相 I_{max}＝4.098A

4. 故障录波器动作情况

500kV 主变故障录波器嵌入式录波单元录波指示灯亮，有录波文件。

五、主要处理步骤

（1）记录时间，消除音响。

（2）在故障后 5min 内，值长将收集的开关跳闸等情况简要汇报调度。

（3）记录光字牌并核对正确后复归。

（4）根据所跳开关及监控后台信号等，初步判断故障范围。

（5）派一组运维人员到一次设备现场实地检查 2 号主变 1 号低抗 321 开关的实际位置及外观、SF_6 气体压力、弹簧机构储能情况等，并全面检查 2 号主变 1 号低抗保护范围内的设备。

（6）派另一组运维人员到二次设备现场检查保护动作情况，记录保护动作信号并核对正确后复归保护及其信号，打印故障录波并分析。

（7）根据保护动作信号及现场一次设备检查情况，判断为 2 号主变 1 号低抗 A 相内部匝间短路故障，2 号主变 1 号低抗电流速断保护动作跳开 2 号主变 1 号低抗 321 开关。

（8）在故障后 15min 内，值长将故障详情汇报调度及站部管理人员。

（9）隔离故障点及处理：2 号主变 1 号低抗从充电改为检修。

（10）做好记录，上报缺陷等。

六、补充说明

2 号主变 1 号低抗保护动作后，2 号主变低抗及低容自动投切装置（CSS-542A 型）相应的低抗自动投切功能即被闭锁，而且闭锁状态自保持。如果需退出闭锁状态，必须将低抗及低容自动投切方式解除开关切至相应位置（切后自动弹回"工作"位置）。

［案例 21］　35kV Ⅱ 母线 AB 相间短路

一、35kV Ⅱ 母线设备配置及主要定值

1. 一次设备配置

（1）2 号主变 35kV 三角形接线桥及 35kV Ⅱ 母线均采用 LDRE-φ170/150，圆管型硬母线。

（2）2 号主变 1 号、2 号低抗采用 BKK-20000/35，干式空心。

（3）2 号主变 1 号低抗 321 开关、2 号低抗 322 开关采用 3AP1-FG。

（4）2 号主变 1 号低抗 3211 刀闸、2 号主变 2 号低抗 3221 刀闸采用 DR01-MM25，水平断口，单接地。

2. 二次设备配置

（1）2 号主变第一面保护屏配置 RET670 型第一套主变保护和 2 号主变本体保护；第二面保护屏配置 RET670 型第二套主变保护和 2 号主变 2602 开关失灵保护。

（2）2 号主变第一套、第二套 RET670 保护中的低压侧过流保护采用定时限过流，反应主变低压侧相间故障；作为 35kV II 段母线的主保护，采用 TOC3 中 step1、step2 元件，保护动作延时跳主变三侧开关，并启动 500kV 和 220kV 侧开关失灵保护。

（3）2 号主变 35kV 低抗/35kV 母线测控屏配置 REF-545C 测控装置。

3. 主要定值及其说明

（1）2 号主变第一套差动保护中，低压过流 TOC3 启动电流高定值为 $181\%I_B$，定时限动作时间 t_1 为 0.6s；启动电流低定值为 $181\%I_B$，定时限动作时间 t_2 为 1.0s。I_B 为 3000A。

（2）TA 变比为 4000A/1A。

二、前置要点分析

1. CSC-231 型低抗低流保护

本保护实现两段定时限欠电流保护，各段电流以及时间定值均可独立整定，两段保护分别由两个控制字控制投退。为防止 TA 断线，设置低电压闭锁定值。

欠电流保护动作的判据为：

（1）任一相电流小于整定值。

（2）任一母线线电压小于整定值。

（3）曾经有电流。

（4）开关处于合位（辅助触点开入接入）。

CSC-231 型低抗保护的低流保护逻辑图如图 7-3 所示。

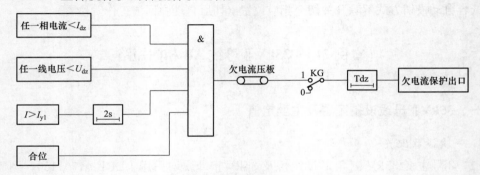

图 7-3　CSC-231 型低抗保护低流保护逻辑图

2. 低抗及低容自动投切装置的闭锁

在低抗/低容投切装置屏（一）上的 2 号主变低抗及低容自动投切方式控制开关 1-1QK1 有闭锁低抗投切、工作、闭锁低容投切三个位置，2 号主变低抗及低容自动投切方式解除开关 1-1QK2 有解除闭锁低抗投切、工作、解除闭锁低容投切三个位置。

2 号主变低抗及低容自动投切装置设有闭锁低抗和闭锁低容自动投切两个闭锁输入端子，即图 7-4 中的 1D23 端子和 1D24 端子；两个解除闭锁输入端子，即图 7-4 中的 1D25 端子和 1D26 端子。闭锁输入端子输入一有效，相应的自动投切功能即被闭锁，而且闭锁状态自保持。如果需退出闭锁状态，必须使解除闭锁输入端子输入有效一次，即将低抗及低容自动投切方式解除开关切至相应位置（切后自动弹回"工作"位置）。

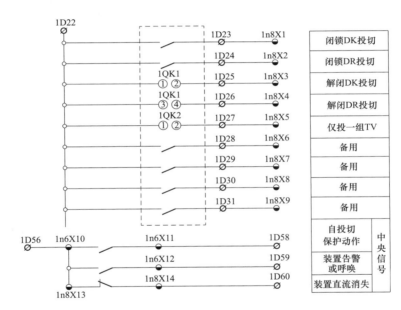

图 7-4　闭锁低抗自动投切输入端子

2 号主变 1 号低抗的所有保护动作出口跳闸时均通过出口接点、低抗保护跳闸闭锁低抗自动投切压板 1LP3 至闭锁低抗自动投切输入端子，闭锁 2 号主变低抗及低容自动投切装置相应的低抗自动投切功能，包括 2 号主变 2 号低抗也不能自动投切，如图 7-5 所示。

2 号主变低抗及低容自动投切方式控制开关 1-1QK1 的闭锁低抗投切接点也接至该闭锁低抗自动投切输入端子，请参考图 7-6。

三、事故前运行工况

雷雨，气温 22℃。除 2 号主变 1 号低抗投入运行外，全站处于正常运行方式，设备健康状况良好，未进行过检修。

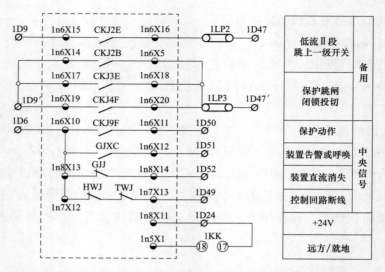

图 7-5　低抗保护跳闸出口闭锁低抗及低容自动投切装置输出回路图

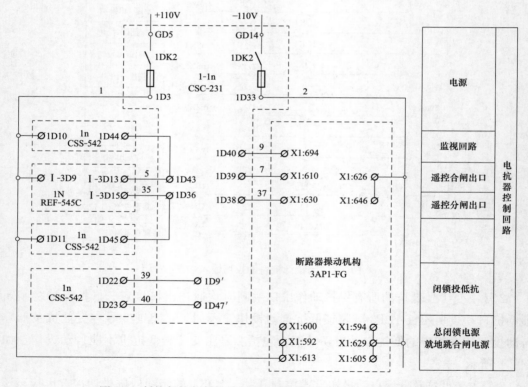

图 7-6　低抗保护与低抗及低容自动投切装置之间的回路联系图

四、主要事故现象

1. 后台监控现象

（1）监控系统事故音响、预告音响响。

（2）在主接线及监控分画面上，事故涉及开关的状态发生变化。

1）在 2 号主变 35kV 侧分画面，2 号主变 3520 开关三相跳闸，绿灯闪光；

2）在 2 号主变 1 号低抗分画面，2 号主变 1 号低抗 321 开关三相跳闸，绿灯闪光。

3）在站用电分画面，1 号站用变低压侧开关 1ZK 跳闸，绿灯闪光；0 号站用变 1 号备用分支开关 01ZK 合闸，红灯闪光。

（3）潮流发生变化。

1）2 号主变 35kV 侧的电流、有功、无功为零；

2）2 号主变 1 号低抗的电流、无功为零；

3）1 号站用变低压侧开关 1ZK 的电流、有功、无功为零；

4）35kVⅡ母线电压、频率为零。

（4）在相关间隔的光字窗中，有光字牌被点亮。

2 号主变光字窗点亮的光字牌：

1）第一套低压侧过流动作；

2）第二套低压侧过流动作；

3）主变保护出口继电器未复归。

2 号主变 1 号低抗光字窗点亮的光字牌：

1）单元事故总信号；

2）保护动作；

3）保护装置告警/呼唤；

4）保护事故跳闸信号。

35kVⅡ母线光字窗点亮的光字牌：

35kVⅡ母 TV 失压。

2 号主变 3520 开关光字窗点亮的光字牌：

单元事故总信号。

1 号站用电光字牌点亮：

单元事故总信号。

0 号站用电 1 光字窗点亮的光字牌：

1）单元事故总信号；

2）0 号站用变 1 号备用分支开关备自投动作。

500kV 公用测控 1 光字窗点亮的光字牌：

1）500kV 母线故障录波器启动；

2）500kV 1 号故障录波器启动；

3）500kV 2 号故障录波器启动。

500kV 公用测控 2 光字窗点亮的光字牌：

1）500kV 3 号故障录波器启动；

2）500kV 4 号故障录波器启动。

220kV 正母Ⅰ段光字窗点亮的光字牌：

1）220kV 1 号故障录波器启动；

2）220kV 2 号故障录波器启动。

35kV 公用测控光字窗点亮的光字牌：

主变故障录波器启动。

小荷 2290 线光字窗点亮的光字牌：

1）第一套高频保护收发信机动作；

2）第二套高频保护收发信机动作。

小江 2289 线光字窗点亮的光字牌：

同小荷 2290 线。

2. 一次设备现场设备动作情况

（1）2 号主变 3520 开关三相均处于分闸位置。

（2）2 号主变 1 号低抗 321 开关三相均处于分闸位置。

3. 保护动作情况

（1）1 号站用变低压侧开关 1ZK 失压脱扣动作。

（2）0 号站用变 1 号备用分支开关备自投动作信号继电器掉牌。

（3）在 2 号主变第一套/本体保护屏，主变保护 RET670 面板上状态指示灯 Ready、Start、Trip 均亮平光，告警指示灯第一套低压侧过流动作亮红色。

装置液晶界面上主要保护动作信息有：

- LV_TOC_T1（低压侧过流 I 段动作）
- TRIP_LVCB（保护跳低压侧开关）

（4）在 2 号主变第一套/本体保护屏，2 号主变第一套保护跳 35kV 开关自保持继电器 RC41. U25.125.313 动作。

（5）在 2 号主变第二套保护屏，RET670 现象同 2 号主变第一套/本体保护屏。

（6）在 2 号主变第二套保护屏，2 号主变第二套保护跳 35kV 开关自保持继电器 RC42. U21.125.313 动作。

（7）在 2 号主变 35kV 低抗/低容保护屏，2 号主变 1 号低抗保护 CSC-231 面板上低流红灯亮。

装置液晶界面上主要保护动作信息有：

- 10:42:52.336　0.001
- 保护启动 0.416
- 低流 I 段 AB 相
- $I_{DO} = 0.098A$。
- 10:42:52.336　0.001
- 保护启动 0.606
- 低流 II 段 AB 相　$I_{DO} = 0.098A$

（8）在 2 号主变本体及 35kV 侧测控屏，操作箱 PST-1212 面板上：

1）合闸位置Ⅰ、Ⅱ指示灯灭。

2）跳闸位置指示灯亮；

3）Ⅰ跳闸启动、Ⅱ跳闸启动指示灯亮；

4）保护1跳闸、保护2跳闸指示灯亮。

4．故障录波器动作情况

500kV主变故障录波器嵌入式录波单元录波指示灯亮，有录波文件。

五、主要处理步骤

（1）记录时间，消除音响。

（2）在故障后5min内，值长将收集的开关跳闸等情况简要汇报调度。

（3）记录光字牌并核对正确后复归。

（4）根据所跳开关及监控后台信号等，初步判断故障范围。

（5）派一组运维人员到一次设备现场实地检查：

1）检查2号主变1号低抗321开关、2号主变3520开关的实际位置及外观、SF_6气体压力、弹簧机构储能情况等；

2）检查2号主变低压侧过流保护、2号主变1号低抗保护范围内的设备，开关跳闸情况及设备运行情况是否正常，是否有明显的故障点等；

3）检查35继保室备用电源自投正常，380VⅠ段母线支路供电正常；

4）检查直流系统工作是否正常；

5）检查2号、3号主变冷却器总控制箱电源工作正常；

6）检查51、52、53、54、220继保室站用电源进线分屏的380VⅠ/Ⅱ段电源自动切换装置电源进线指示灯亮，常用电源开关在合位，备用电源开关在分位；

7）检查通信机房高频开关整流器组Ⅰ组屏交流电压正常。

检查发现35kVⅡ母线AB相间短路故障。

（6）派另一组运维人员到二次设备现场检查保护动作情况，记录保护动作信号并核对正确后复归信号。

（7）根据保护动作信号及现场一次设备检查情况，判断为35kVⅡ母线AB相间短路故障，2号主变第一套、第二套低压侧过流保护第一时限动作跳开2号主变3520开关，2号主变1号低抗低流Ⅰ段保护动作跳开2号主变1号低抗321开关，1号站用电低压开关失压脱扣动作跳开，0号站用变1号备用分支开关01ZK备自投动作成功。

（8）在故障后15min内，值长将故障详情汇报调度及站部管理人员。

（9）要求县调确保城变3639线正常供电。

（10）隔离故障点及处理：

1）1号站用变320开关从运行改为热备用；

2）1号站用变低压侧开关1ZK从热备用改为冷备用；

3）1号站用变320开关从热备用改为冷备用；

4）2号主变 3520 开关从热备用改为冷备用；

5）2号主变 1号低抗从充电改为冷备用；

6）2号主变 2号低抗从充电改为冷备用；

7）35kV II 母从冷备用改为检修。

（11）做好记录，上报缺陷等。

六、补充说明

2号主变 1号低抗保护动作后 2号主变低抗及低容自动投切装置 CSS-542A 相应的低抗自动投切功能即被闭锁，而且闭锁状态自保持。如果需退出闭锁状态，必须将低抗及低容自动投切方式解除开关切至相应位置（切后自动弹回"工作"位置）。

若 2号主变 2号低抗在事故跳闸前也是运行状态，则 2号主变 2号低抗低流 I 段保护动作跳开 2号主变 2号低抗 322 开关。

［案例 22］　3 号主变 3 号低容着火

一、设备配置及主要定值

1. 一次设备配置

（1）3号主变 3号低容组采用 TBB35-60000/500AQW，三单星形接线。

（2）3号主变 3号低容 333 开关采用 3AP1-FG。

（3）3号主变 3号低容 3331 刀闸采用 DR01-MM25，水平断口，单接地。

（4）3号主变 3号低容组放电线圈采用 FDR312/6.0-1W。

（5）3号主变 3号低容组限流电抗器采用 CKK-1200/35-6。

2. 二次设备配置

（1）3号主变 3号低容保护采用 CSC-221B。

（2）3号主变 3号低容测控装置采用 REF-545C。

3. 主要定值及其说明

（1）过流 I 段（电流速断保护）的电流定值为 6.5A，时间定值为 0.1s。

（2）过流 II 段（过流保护）的电流定值为 1.2A，时间定值为 0.3s。

（3）不平衡电流保护的电流定值为 0.47A，时间定值为 0.2s。

（4）过电压定值为 120V，时间定值为 9s。

（5）欠电压定值为 50V，时间定值为 0.6s；欠压闭锁电流定值为 0.4A。

（6）TA 变比为 1600A/1A，中性线 TA 变比为 30A/5A，TV 变比为 35kV/0.1kV。

二、前置要点分析

1. 3AP1-FG 型开关储能

3AP1-FG 型开关是一种采用 SF$_6$ 气体作为绝缘和灭弧介质的自能式高压开关，三相户外设计。该开关三相共用一套弹簧机械操动机构。B相开关通过弹簧操动机构驱动，经传动单元带动开始动作，同时通过连接杆及与其相连的传动单元带动A相和C相动作。

图7-7中，左侧为分闸弹簧，右侧为合闸弹簧，均处于储能状态。该操动机构合闸时间为55 ± 8ms，分闸时间为30 ± 4ms，合分时间为30 ± 10ms。在开关合闸位置，分闸弹簧和合闸弹簧处于储能状态，开关可执行分—合—分操作。合闸操作后，合闸弹簧在15s之内再一次被完全储能。

2. REF-545C型测控装置

图7-8中，REF-545C型测控装置面板上的控制位置按钮④下方的黄灯亮表示"远方/就地"切换通过外部（即"远方/就地"切换切换开关QK）来实

图7-7 3AP1-FG操动机构

现，此灯灭表示"远方/就地"切换通过控制位置按钮④来实现。控制位置按钮④左边的R灯亮黄色表示测控装置受远方控制，控制位置按钮④上方的L灯亮黄色表示测控装置受就地控制。

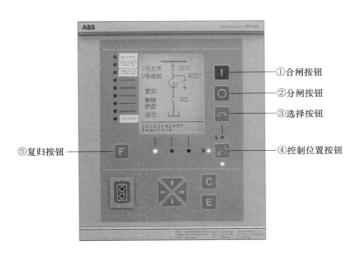

①合闸按钮
②分闸按钮
③选择按钮
④控制位置按钮
⑤复归按钮

图7-8 REF-545C型测控装置面板

在液晶屏显示为主接线图的状态下，长按选择按钮③3s以上，会在开关（刀闸、接地刀闸）上出现选中图标，依次按此按钮直到选中要操作的设备。若对选中的设备进行合闸操作则按合闸按钮①，在闭锁逻辑条件满足的情况下，合闸操作直接出口（无密码、无确认信息）；若对选中的设备进行分闸操作则按分闸按钮②，在闭锁逻辑条件满足的情况下，分闸操作直接出口（无密码、无确认信息）。

通过选择按钮③选中"复归"后，按合闸按钮①，可复归测控装置的单元事故总信

号。"联锁状态"表示测控装置处于闭锁逻辑联锁，通过选择按钮③选中"联锁状态"，按合闸按钮①，可总解锁，解锁后显示为"解锁状态"。通过选择按钮③选中"运行"，按合闸按钮①，则显示"检修"，测控装置置检修状态时将屏蔽相关信号上传至后台、主站。当测控装置闭锁逻辑不满足时，"控制被闭锁"LED灯会亮。按复归按钮⑤可以复归测控装置左边的自保持LED灯。

三、事故前运行工况

晴天，气温38℃。除3号主变3号低容投入运行外，全站处于正常运行方式，设备健康状况良好，未进行过检修。

四、主要事故现象

1. 后台监控现象

（1）监控系统事故音响、预告音响响。

（2）在3号主变3号低容分画面上，3号主变3号低容333开关三相跳闸，绿灯闪光。

（3）潮流发生变化：3号主变3号低容电流、无功为零。

（4）在相关间隔的光字窗中，有光字牌被点亮。

3号主变3号低容光字窗点亮的光字牌：

1）单元事故总信号；

2）保护动作；

3）保护装置告警/呼唤；

4）保护事故跳闸信号。

500kV公用测控1光字窗点亮的光字牌：

1）500kV母线故障录波器启动；

2）500kV 1号故障录波器启动；

3）500kV 2号故障录波器启动。

500kV公用测控2光字窗点亮的光字牌：

1）500kV 3号故障录波器启动；

2）500kV 4号故障录波器启动。

220kV正母Ⅰ段光字窗点亮的光字牌：

1）220kV 1号故障录波器启动；

2）220kV 2号故障录波器启动。

35kV公用测控光字窗点亮的光字牌：

主变故障录波器启动。

小荷2290线光字窗点亮的光字牌：

1）第一套高频保护收发信机动作；

2）第二套高频保护收发信机动作。

小江 2289 线光字窗点亮的光字牌：

同小荷 2290 线。

2. 一次设备现场设备动作情况

（1）3 号主变 3 号低容着火。

（2）3 号主变 3 号低容 333 开关三相均处于分闸位置。

3. 保护动作情况

在 3 号主变 3 号低容保护屏，低容保护 CSC-221B 面板上过流 I 段、不平衡红灯亮。

装置液晶界面上主要保护动作信息有：

- 10:42:52.336 0.001
- 保护启动 0.516
- 过流 I 段 AB 相 I_{DO}＝3.098A
- 10:42:52 532 0.001
- 保护启动 0.525
- 三相电流不平衡 I_{DO}＝10.098A

4. 故障录波器动作情况

500kV 主变故障录波器嵌入式录波单元录波指示灯亮，有录波文件。

五、主要处理步骤

（1）记录时间，消除音响。

（2）在故障后 5min 内，值长将收集的开关跳闸等情况简要汇报调度。

（3）记录光字牌并核对正确后复归。

（4）根据所跳开关及监控后台信号等，初步判断故障范围。

（5）派一组运维人员到一次设备现场实地检查：

1）检查 3 号主变 3 号低容 333 开关的实际位置及外观、SF_6 气体压力、弹簧机构储能情况等；

2）检查在 3 号主变 3 号低容保护范围内是否有明显的故障点等。发现 3 号主变 3 号低容着火造成 AB 相间短路，立即启动消防应急预案，进行灭火、报警。

（6）派另一组运维人员到二次设备现场检查保护动作情况，记录保护动作信号并核对正确后复归保护及其信号，打印故障录波并分析。

（7）根据保护动作信号及现场一次设备检查情况，判断为 3 号主变 3 号低容着火造成 AB 相间短路，3 号主变 3 号低容过流 I 段、不平衡电流保护动作跳开 3 号主变 3 号低容 333 开关。

（8）在故障后 15min 内，值长将故障详情汇报调度及站部管理人员。

（9）隔离故障点及处理：3 号主变 3 号低容从热备用改为检修。

（10）做好记录，上报缺陷等。

六、补充说明

3号主变3号低容保护动作后，3号主变低抗及低容自动投切装置CSC-221C相应的低容自动投切功能即被闭锁，且闭锁状态自保持。如果需退出闭锁状态，必须将低抗及低容自动投切方式解除开关切至相应位置（切后自动弹回"工作"位置）。

思 考 题

（1）35kV并联低抗开关采用后置式布置有什么好处？

（2）2号主变1号低抗的哪套保护动作会出口跳2号主变3520开关？

（3）2号主变低抗及低容自动投切方式控制开关1-1QK1和2号主变低抗及低容自动投切方式解除开关1-1QK2各有几个位置？

（4）2号主变低抗及低容自动投切方式控制开关1-1QK1的闭锁低抗投切触点是如何接入闭锁低抗投切回路的？

（5）在3号主变3号低容保护CSC-221B中，不平衡元件采用的是电流还是电压？

（6）REF-545C型测控装置的控制位置选择有几种情况？

第八章

站用电故障案例分析

[案例23] 1号站用变本体重瓦斯动作

一、主要设备及定值

1. 一次设备配置

（1）1号站用变型号为 SZ10-800/36，联结组别为 Dyn1，如图 8-1 所示。

（2）1号站用变 35kV 开关采用 3AP1-FG。

（3）1号、2号站用变低压侧开关、0号站用变的两路备用分支开关、380V 母分开关均采用施耐德 Masterpact MT 系列产品，开关型号为 MT16H1，控制单元型号为 Micrologic 5.0P。

（4）站用电系统中的 380V 馈线开关均采用施耐德 NS（100～630）N 型空气开关。

2. 二次设备配置

（1）本体瓦斯保护型号为 QJ4-50-TH。

（2）1号站用变配置 CSC-241C 型保护。

（3）1号、2号站用变低压侧开关、0号

图 8-1　1号站用变

站用变的两路备用分支开关、380V 母分开关均配置 REF541 型测控装置。

3. 主要定值及其说明

（1）非电量1对应压力释放保护、非电量2对应本体重瓦斯保护、非电量3对应有载重瓦斯保护、非电量4对应油温保护。

（2）本体重瓦斯、有载重瓦斯、压力释放保护、油温保护软压板均投入；本体重瓦斯、有载重瓦斯控制字投跳闸；压力释放保护、油温保护控制字投信号。

（3）1号站用变本体重瓦斯定值为 0.8m/s，投跳闸；本体轻瓦斯定值为 $250cm^3$，投信号。

（4）1号站用变有载调压重瓦斯定值为 1m/s，投跳闸；有载调压轻瓦斯定值为

$250cm^3$，投信号。

二、前置要点分析

1. 站用电系统交流空气开关的级差配合

根据站用电设计规程，空气开关与空气开关的保护选择性配合要求是：

空气开关过电流脱扣器级差可取 $0.15\sim0.2s$，即负荷空气开关为瞬动，馈电干线空气开关取短延时 $0.15\sim0.2s$，总电源空气开关延时 $0.3\sim0.4s$。

图 8-2　380V 站用电屏图

如图 8-2 所示，站用电屏上的框架式空气开关可视作总电源空气开关，站用电屏上的塑壳式空气开关可视作馈电干线空气开关。

2. 低压空气开关的脱扣器

（1）电磁脱扣器。电磁脱扣器只提供磁保护，即短路保护。电磁脱扣器实际上是一个磁回力，当电流足够大时，产生磁场力，克服反力弹簧吸合衔铁打击牵引杆，从而带动机构动作切断电路。

电磁脱扣器的缺点是只能提供短路保护，其优点是成本低，寿命长，受环境影响小。

（2）热磁脱扣器。热磁脱扣器提供磁保护和热保护。热保护即过载保护，电流经过脱扣器时热元件发热（直热式电流直接流过双金属片），双金属片受热变形，当变形至一定程度时，打击牵引杆，从而带动机构动作切断电路。通常，电路中都用热磁脱扣器来提供短路和过载保护，只有一些特殊场合用电磁脱扣器提供短路保护，而由其他元件（如热继电器）来提供过载保护。

热磁脱扣器的缺点是只能提供二段保护，动作值误差比较大，可以少量调节，但受环境影响较大。其优点就是成本低，性能稳定，可靠性相对较高，不受电压波动影响，寿命长。

（3）电子脱扣器。电子脱扣器具有前两种脱扣器的所有功能，并可方便地进行整定。它是由电子元件构成的电路，检测主电路电流，放大、推动脱扣机构。

电子脱扣器的缺点是成本过高，而且部分产品可靠性不高。其优点是可以提供三段甚至四段保护，灵敏度高，动作值比较精确，而且可以调节。加装通信模块后还可以与上位机连接，进行远程控制，且基本不受环境温度影响。

3. CSC-241C 型保护非电量接点

CSC-241C 是 CSC-200 系列装置中的一种，适用于站用变保护及测控。

从变压器本体来的非电量接点接至装置的开关量输入端子。接收到非电量信号后，跳闸与否由软压板决定。如软压板退出，则相应开关量只作为普通遥信量，软压板投入才作为非电量输入。非电量输出发告警信号还是跳闸出口由相关控制字选择。装置跳闸或发出告警信号后，进行事件记录，并可通过网络口或现场总线将记录上传至后台计算机。

为灵活起见，装置面板的信号灯仅表示非电量 1、非电量 2、非电量 3、非电量 4 共四种信号。各非电量的具体意义，可根据各工程的具体端子接入情况而定。

正常运行时，绿灯平光，如图 8-3 所示。LED 指示灯共有 11 个，每一个灯都有红、绿两种颜色。第一个指示灯都是"运行/告警"指示灯。

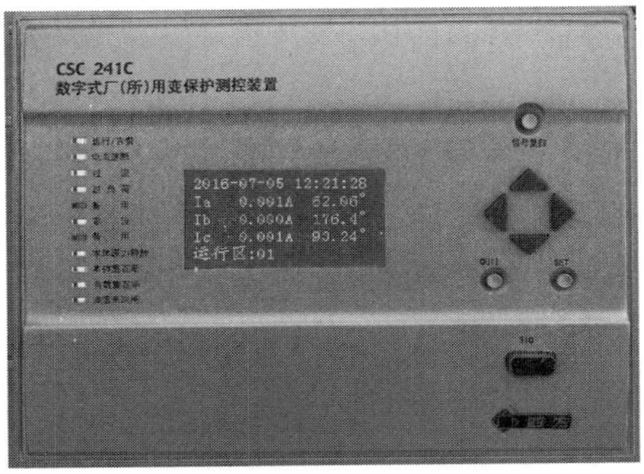

图 8-3　CSC-241C 型保护面板

"运行/告警"指示灯一般情况下保持绿灯常亮，表明装置工作正常；保护启动后绿灯闪烁，保护复归后恢复绿灯常亮状态；装置告警时红灯闪烁，复归后恢复绿灯常亮状态。

三、事故前运行工况

雷雨，气温 22℃。全站处于正常运行方式，设备健康状况良好，未进行过检修。

四、主要事故现象

1. 后台监控现象

（1）监控系统事故音响、预告音响响。

（2）在主接线及间隔监控分画面上，事故涉及开关的状态发生变化。

1）1 号站用变 320 开关绿灯闪光；

2）1 号站用变低压侧开关 1ZK 跳闸，绿灯闪光；0 号站用变 1 号备用分支开关 01ZK 合闸，红灯闪光。

（3）在相关间隔的光字窗中，有光字牌被点亮。

1 号站用变光字窗点亮的光字牌：

1）单元事故总信号；

2）保护动作；

3）保护装置告警/呼唤。

1 号站用电光字窗点亮的光字牌：

单元事故总信号。

0 号站用电 1 光字窗点亮的光字牌：

0 号站用变 1 号备用分支开关备自投动作。

35kV 公用测控光字窗点亮的光字牌：

主变故障录波器启动。

2. 一次设备现场设备动作情况

（1）1 号站用变 320 开关在跳闸位置。

（2）1 号站用变本体重瓦斯动作。

（3）1号站用电低压开关在跳闸位置。

（4）0号站用变1号备用分支开关01ZK在合闸位置。

3. 保护动作情况

（1）在0号站用变380V I 段进线开关柜，0号站用变1号备用分支开关备自投动作信号继电器掉牌。

（2）在站用变保护屏，1号站用变保护CSC-241C面板上本体重瓦斯红灯亮，自保持。

装置液晶界面上主要保护动作信息有：

- 保护启动
- 本体重瓦斯动作

4. 故障录波器动作情况

2号主变故障录波器可能动作。

五、主要处理步骤

（1）记录时间，消除音响。

（2）收集开关跳闸等情况。

（3）记录光字牌并核对正确后复归。

（4）根据所跳开关及监控后台信号等，初步判断故障范围。

（5）派一组运维人员到一次设备现场实地检查：

1）检查1号站用变320开关的实际位置及外观、SF_6 气体压力、弹簧机构储能情况等；

2）检查1号站用变本体重瓦斯继电器动作情况；

3）检查1号站用变油位及油色，本体温度，套管有无破裂和喷油现象；

4）检查1号站用变低压开关1ZK、0号站用变1号备用分支开关01ZK的实际位置；

5）检查站用电供应是否正常。到各继保室检查站用电分屏的运行情况，500kV、220kV继保室交流电源切换装置应动作正常，除备用支路外所有输出指示灯应亮，直流系统充电机的交流电源应切换正常，同时恢复各继保室空调的运行。

（6）派另一组运维人员到二次设备现场检查保护动作情况，记录保护动作信号并核对正确后复归各保护及其信号，打印故障录波并分析。

（7）根据保护动作信号及现场一次设备检查情况，判断为1号站用变内部故障导致本体重瓦斯动作，1号站用变320开关跳闸，1号站用电低压开关失压脱扣动作跳开，0号站用变1号备用分支开关01ZK备自投动作成功。

（8）值长将故障详情汇报调度及站部管理人员。

（9）要求县调确保小城变3639线正常供电。

（10）隔离故障点及处理：

1）1号站用变低压侧开关1ZK从热备用改为冷备用；

2）1 号站用变 320 开关从热备用改为冷备用；

3）1 号站用变从冷备用改为站用变检修。

（11）做好记录，上报缺陷等。

［案例 24］ 站用电 380V Ⅰ 段母线 A 相永久性接地

一、设备配置及主要定值

1. 设备配置

（1）1 号站用变 35kV 开关采用 3AP1-FG。

（2）1 号、2 号站用变低压侧开关、0 号站用变的两路备用分支开关、380V 母分开关均采用施耐德 Masterpact MT 系列产品，开关型号为 MT16H1，控制单元型号为 Micrologic 5.0P。

（3）站用电系统中的 380V 馈线开关均采用施耐德 NS（100～630）N 型空气开关。

（4）在 500kV 四个继保室和 220kV 继保室的站用电源进线分屏上，各装有两台 NS630 低压开关和一台交流电源自动切换装置。

2. 主要定值及其说明

（1）1 号站用变高压侧速断保护电流定值为 5A，时间定值 0.1s，TA 变比 100A/1A；

（2）1 号站用变高压侧过流保护电流定值为 0.5A，时间定值 0.3s，TA 变比 100A/1A；

（3）1 号站用变低压侧零序电流保护动作电流定值为 0.38A，动作时间定值为 0.3s，TA 变比为 1500A/1A。

（4）1 号站用变过电流保护动作时间、低压侧零流保护动作时间 0.3s 与 2 号主变 35kV 后备保护跳主变 35kV 开关时间 TOC3/Step1/t1＝0.6s 配合。

（5）0 号站用变低压侧零序电流保护动作电流定值为 0.38A，动作时间定值为 0.9s，TA 变比为 1500A/1A。

（6）站用变低压侧 MT16H1 开关过流保护定值：

1）长延时电流定值为 640A，时间定值为 0.5s；

2）短延时电流定值为 960A，时间定值为 0.1s；

3）瞬时动作电流定值为 3200A。

（7）站用变低压侧开关失压脱扣时间定值为 1.5s。

二、前置要点分析

1. 备用分支自投原理

图 8-4 为 0 号站用变 1 号备用分支自投原理图。图中，DY1、DY2 是接在 380V Ⅰ 母上的低压继电器，DY01 是接在 0 号站用变低压侧的低压继电器。

1ZK、3ZK 分别是 1 号站用变低压侧开关 1ZK 和母分开关 3ZK 的位置触点。

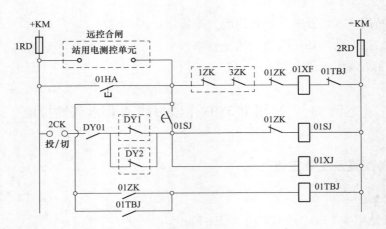

图 8-4　0 号站用变 1 号备用分支自投原理图

01ST 是时间继电器，01XF 是开关 01ZK 的合闸线圈，01TBJ 是防跳继电器。

当备自投投切开关 2CK 在"自动"位置时，若 1 号站用变低压侧开关 1ZK 跳闸，则+KM→2CK→DY01→DY1/DY2→01ZK→01SJ→－KM 回路接通；经设定延时，+KM→2CK→DY01→DY1/DY2→01SJ→1ZK→3ZK→01ZK→01XF→01TBJ→－KM 回路接通，开关 01ZK 合闸。

0 号站用变 2 号备用分支自投原理与此类似。

2. 380V Ⅰ 段母线及馈线

在图 8-5 中，左图展示了从屏顶母线引下铜排（为清楚示意，左侧照片在拍摄时，镜头向上倾斜），右侧照片展示了进线和馈线引接方式。

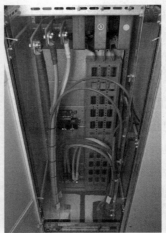

图 8-5　380V Ⅰ 段馈线柜 P2 背面

三、事故前运行工况

晴天，气温 15℃。全站处于正常运行方式，设备健康状况良好，未进行过检修。

四、主要事故现象

1. 后台监控现象

（1）监控系统事故音响、预告音响响。

（2）在站用电分画面上，事故涉及开关的状态发生变化。

1）1 号站用变低压开关 1ZK 跳闸，绿灯闪光；

2）0 号站用变 1 号备用分支 01ZK 开关跳闸，绿灯闪光。

（3）潮流发生变化：380V Ⅰ 段母线电压为零。

（4）在相关间隔的光字窗中，有光字牌被点亮。

1 号站用变光字窗点亮的光字牌：

1）单元事故总信号；

2）保护动作；

3）保护装置告警/呼唤。

0 号站用电 1 光字窗点亮的光字牌：

1）单元事故总信号；

2）0 号站用变 1 号备用分支开关备自投动作。

1 号站用电光字牌点亮：

单元事故总信号。

直流系统光字窗点亮的光字牌：

1）1 号充电机一路交流故障；

2）2 号充电机一路交流故障；

3）3 号充电机一路交流故障。

2. 一次设备现场设备动作情况

（1）35 小室有载调压交流电源失电、直流屏室事故照明逆变器屏交流电源失电、主控室消防报警主机失电、35kV 配电装置交流电源（一）失电。

（2）在 380V Ⅰ 段馈线柜 P2，380V Ⅰ 段母线 A 相异物接地。

3. 保护动作情况

（1）在 0 号站用变 380V Ⅰ 段进线开关柜 P6，0 号站用变 1 号备用分支开关 01ZK 备自投动作信号继电器掉牌。

（2）在站用变保护屏，1 号站用变保护 CSC-241C 面板上运行/告警绿灯亮。

装置液晶界面上主要保护动作信息有：

• 保护启动

4. 故障录波器动作情况

无。

五、主要处理步骤

（1）记录时间，消除音响。

（2）收集开关跳闸、母线失压等简要情况。

（3）记录光字牌并核对正确后复归。

（4）根据所跳开关及监控后台信号等，初步判断故障范围。

（5）派一组运维人员到一次设备现场实地检查：

1）检查开关跳闸情况及设备运行情况、是否有明显的故障点等，发现 380V Ⅰ 段馈线柜 P2 内 380V Ⅰ 段母线 A 相异物接地；

2）检查 51 继保室交流电源屏 380V Ⅰ / Ⅱ 电源自动切换装置动作准确；

3）检查 52 继保室交流电源屏 380V Ⅰ / Ⅱ 电源自动切换装置动作准确；

4）检查 220 继保室交流电源屏 380V Ⅰ / Ⅱ 电源自动切换装置动作准确；

5）检查 2 号主变冷却器及电源工作正常；

6）检查 3 号主变冷却器及电源工作正常；

7）检查其他双路供电的切换正常。

（6）派另一组运维人员到二次设备现场检查保护动作情况，记录保护动作信号并核对正确后复归信号。

（7）根据保护动作信号及现场一次设备检查情况，判断为站用电 380V Ⅰ 段母线 A 相永久接地，1 号站用变低压侧开关跳开，0 号站用变 1 号备用分支开关备自投动作失败，380V Ⅰ 段母线失电。

（8）值长将故障详情汇报调度及站部管理人员。

（9）隔离故障点及处理：

1）停用 0 号站用变 1 号备用分支开关备自投；

2）将 1 号站用变低压开关 1ZK 从热备用改为冷备用；

3）拉开 35 继保室交流电源屏 35kV 交流配电装置电源（一）7SD 低压空气开关，合上 35kV Ⅱ 段母线 TV 端子箱联络刀闸 2K；

4）将 380V Ⅰ 段母线改为检修。

（10）做好记录，上报缺陷等。

六、补充说明

1 号站用变零序电流保护有 0.3s 延时，不会出口。

[案例 25]　1 号站用变高压侧电缆引线三相短路

一、设备配置及主要定值

1. 设备配置

（1）1 号站用变 35kV 开关采用 3AP1-FG。

（2）1 号、2 号站用变低压侧开关、0 号站用变的两路备用分支开关、380V 母分开关均采用施耐德 Masterpact MT 系列产品，开关型号为 MT16H1，控制单元型号为 Mi-crologic 5.0P。

（3）站用电系统中的 380V 馈线开关均采用施耐德 Compact NS（100～630）N 型空气开关。

（4）在 500kV 四个继保室和 220kV 继保室的站用电源进线分屏，各装有两台 NS630 低压开关和一台交流电源自动切换装置。

2. 主要定值及其说明

（1）1 号站用变高压侧电流速断保护动作电流定值为 5A，动作时间定值为 0.1s。

（2）TA 变比为 100A/1A。

二、前置要点分析

1. 继保室站用电源进线分屏 380V Ⅰ/Ⅱ 电源自动切换

每个 500kV 继保室都设有一面站用电源进线分屏，该分屏上装设 2 台 NS630 低压开关（见图 8-6）。正常时由站用电室 380V Ⅰ、Ⅱ 段母线分别供电。当 380V 交流（Ⅰ或Ⅱ段）母线失压后，2 台 NS630 低压开关通过交流电源自动切换装置 BA 自动切换。

交流电源自动切换装置由正常交流输入电源开关（N）、备用交流输入电源开关（R）、开关联锁底板、端子块、电气联锁装置及站用电电源自动切换装置 BA 组成，如图 8-7 所示。其中：

图 8-6　NS630 低压开关

图 8-7　交流电源自动切换装置

（1）机械联锁底板：防止两台低压开关同时合闸。

（2）端子块和电气联锁装置：作为开关与电源自动切换装置联系的桥梁，将电源自动切换装置的合闸、分闸及复位信号送给开关，同时将开关的位置送给电源自动切换装置。

（3）站用电电源自动切换装置 BA：根据站用电电源自动切换装置的工作模式，正常由"N"供电,"R"作为备用电源。

2. 站用变低压侧开关失压脱扣原理

欠压脱扣器的工作原理是:当线路电压正常时电压脱扣器产生足够的吸力,克服拉力弹簧的作用将衔铁吸合,衔铁与杠杆脱离,锁扣与搭钩才得以锁住,主触头方能闭合。当线路上电压全部消失或电压下降至某一数值时,欠电压脱扣器吸力消失或减小,衔铁被拉力弹簧拉开并撞击杠杆,主电路电源被分断。同样道理,在无电源电压或电压过低时,自动空气开关也不能接通电源。

要注意的是:失压脱扣后,恢复供电时,必须手动使开关复位。开关操作把手有三个位置,除上分下合两个位置外,脱扣后把手将停留在中间位置。所谓再扣就是将把手从中间位置下扳到分的位置,从而使脱扣器重新钩住,然后才能合闸。

三、事故前运行工况

雷雨,气温 29℃。全站处于正常运行方式,设备健康状况良好,未进行过检修。

四、主要事故现象

1. 后台监控现象

(1)监控系统事故音响、预告音响响。

(2)在间隔监控分画面上,事故涉及开关的状态发生变化。

1)在 1 号站用变分画面,1 号站用变 320 开关跳闸,绿灯闪光;

2)在站用电分画面,1 号站用变低压侧开关 1ZK 跳闸,绿灯闪光;0 号站用变 1 号备用分支开关 01ZK 合闸,红灯闪光。

(3)在相关间隔的光字窗中,有光字牌被点亮。

1 号站用变光字窗点亮的光字牌:

1)单元事故总信号;

2)保护动作;

3)保护装置告警/呼唤。

1 号站用电光字窗点亮的光字牌:

单元事故总信号。

0 号站用电 1 光字窗点亮的光字牌:

0 号站用变 1 号备用分支开关备自投动作。

35kV 公用测控光字窗点亮的光字牌:

1)2 号主变故障录波器启动;

2)3 号主变故障录波器启动。

2. 一次设备现场设备动作情况

(1)1 号站用变 320 开关处于分闸位置。

(2)1 号站用变低压侧开关 1ZK 在分闸位置。

（3）0号站用变1号备用分支开关01ZK在合闸位置。

3.保护动作情况

（1）在0号站用变380VⅠ段进线开关柜P6，0号站用变1号备用分支开关备自投动作信号继电器掉牌。

（2）在站用变保护屏，1号站用变保护CSC-241C面板上电流速断红灯亮，自保持。装置液晶界面上主要保护动作信息有：

- 保护启动
- 电流速断动作
- ABC（动作相别）

4.故障录波器动作情况

主变故障录波器嵌入式录波单元录波指示灯亮，有录波文件。

五、主要处理步骤

（1）记录时间，消除音响。

（2）收集开关跳闸等情况。

（3）记录光字牌并核对正确后复归。

（4）根据所跳开关及监控后台信号等，初步判断故障范围。

（5）派一组运维人员到一次设备现场实地检查：

1）检查1号站用变320开关的实际位置及外观、SF_6气体压力、弹簧机构储能情况等；

2）检查1号站用变故障情况，发现1号站用变高压侧电缆引线接头三相短路烧坏；

3）检查1号站用变低压开关1ZK、0号站用变1号备用分支开关01ZK的实际位置，并检查站用电供应是否正常。

（6）派另一组运维人员到二次设备现场检查保护动作情况，记录保护动作信号并核对正确后复归各保护及其信号，打印故障录波并分析。

（7）根据保护动作信号及现场一次设备检查情况，判断为1号站用变高压侧电缆引线三相短路，1号站用变电流速断保护动作跳开1号站用变320开关，1号站用电低压开关失压脱扣动作跳开，0号站用变1号备用分支开关01ZK备自投动作成功。

（8）值长将故障详情汇报调度及站部管理人员。

（9）要求县调确保城变3639线正常供电。

（10）隔离故障点及处理：

1）停用1号备自投；

2）1号站用变低压侧开关1ZK从热备用改为冷备用；

3）1号站用变320开关从热备用改为冷备用；

4）1号站用变从冷备用改为开关及站用变检修。

（11）做好记录，上报缺陷等。

（1）CSC-241C 型保护的非电量输出是发告警信号还是跳闸出口由什么决定？

（2）站用变本体重瓦斯保护反映哪些故障？

（3）0 号站用变的备用分支自投原理是怎样的？

（4）站用变过电流保护、低压侧零流保护与主变 35kV 后备保护在跳主变 35kV 开关的动作时间上是如何配合的？

（5）各 500 继保室站用电源进线分屏的两路电源是如何切换的？

（6）简述 380V 框架式开关失压脱扣原理。

第九章

综合性故障案例分析

［案例 26］ 开关控制电源故障时绿城 5167 线瞬时性接地

一、设备配置及主要定值

1. 一次设备配置

（1）绿城线 5031 开关采用 3AT2-EI，双断口，电动液压机构，三相分基座，三相独立储能。

（2）绿城线 50311 刀闸采用 PR51-MM40。

（3）绿城线 50312 刀闸采用 TR53-MM40。

2. 二次设备配置

（1）绿城 5167 线线路保护采用 AREVA 公司的 P546、P443 型保护。

（2）绿城线 5031 开关保护采用 ABB 公司的 REC670 型保护。

3. 主要定值及其说明

（1）绿城 5167 线全长为 70.97km。

（2）绿城 5167 线的主要参数：R_1/L 为 0.012，X_1/L 为 0.265，R_0/L 为 0.1654，X_0/L 为 0.6612。

（3）P443 型保护的 Z1 Ground Reach（接地距离 I 段阻抗幅值）定值为 10.4Ω；Z2 Ground Reach（接地距离 II 段阻抗幅值）为 22.3Ω。

（4）P443 型保护的 Zone 2 Delay（后备距离 II 段延时）定值为 0.8s（0.4s），正常运行时采用第一组定值 0.8s，当对侧母差停或本线路两套主保护全停时采用第二组定值 0.4s。

（5）定值均为二次值，其中阻抗比（一次/二次）=1.25。

二、前置要点分析

1. 开关第一组控制电源消失后，线路故障时保护动作行为

配置 REC670 型开关保护的 3AT2-EI 开关在开关第一组控制电源消失后，会从开关机构箱开出"自动重合闸联锁"硬接点给开关保护，开关保护闭锁重合闸。若此时线路故障，开关直接三跳。

图 9-1　3AT2-EI 开关

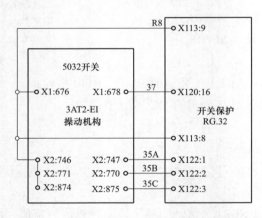

图 9-2　3AT2-EI 自动重合闸联锁回路

（1）当开关第一组控制电源消失时，在开关机构箱中合闸总闭锁继电器 K12 失电，其动断触点返回接通，从机构箱的 X1：678 端子经电缆接到开关保护屏的 X120：16 端子，输入开关保护 REC670，如图 9-2 和图 9-3 所示。

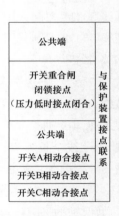

图 9-3　3AT2-EI 机构箱与保护装置接点联系图

（2）REC670 装置将这个从开关机构箱来的开入量通过逻辑取反，使得 CB-READY 的输出变成低电平。

（3）CB-READY 低电平信号接入重合闸模块，重合闸模块生成 AR01-BLOCKED，并将其内部开入给准备三相跳闸逻辑信号形成模块，生成 PREP-3PH。

（4）REC670 装置将生成的 PREP_3PH 内部开入给跳闸模块，P3PTR 将维持高电平。若此时发生单相故障（L1TRIP、L2TRIP、L3TRIP 中任何一个变成高电平），REC670 装置都将输出三跳指令。

2. P546 型保护的制动特性

为保证在穿越故障下的稳定性，P546 型保护采用了制动技术，如图 9-4 所示。

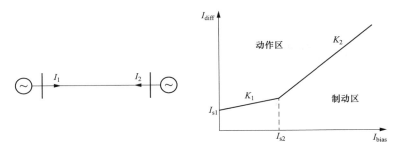

图 9-4 P546 的制动特性

差动电流 $\dot{I}_{diff}$ 等于流入保护区电流的相量和，制动电流 I_{bias} 等于每个线端电流的平均值，它等于各个终端的标量电流除以 2。这两个电流都是分相计算，每个元件所用的制动电流选择三个制动电流中最高的一个，以提高稳定性。

图中，K_1、K_2 为斜率，第一斜率用以保证在高阻抗时可靠动作，第二斜率用以保证在区外穿越性故障时可靠不动作。

三、事故前运行工况

雷雨，气温 22℃。全站处于正常运行方式，设备健康状况良好，未进行过检修。

四、主要事故现象

1. 后台监控现象

（1）监控系统事故音响、预告音响响。

（2）在 500kV 第三串分画面上，绿城线 5031 开关三相合闸，C 相红灯闪光；绿城线/山城线 5032 开关三相跳闸，绿灯闪光。

（3）在相关间隔的光字窗中，有光字牌被点亮。

绿城 5167 线光字窗点亮的光字牌：

1）第一套分相电流差动保护装置动作；

2）第一套分相电流差动保护装置跳闸；

3）第二套分相电流差动保护装置动作；

4）第二套分相电流差动保护装置跳闸；

5）第一套后备距离保护装置动作；

6）第二套后备距离保护装置跳闸；

7）第二套后备距离保护装置动作；

8）第一套后备距离保护装置跳闸。

绿城线 5031 开关光字窗点亮的光字牌：

1）单元事故总信号；

2）保护总跳闸；

3）开关 C 相油泵打压；

4）启动重合闸；

5）重合闸动作；

6）开关第一组控制回路断线；

7）开关第二组控制回路断线。

绿城线/山城线 5032 开关光字窗点亮的光字牌：

1）单元事故总信号；

2）保护总跳闸；

3）开关第一组控制回路断线；

4）开关第一组控制电源故障；

5）开关第二组控制回路断线；

6）重合闸装置停用/闭锁；

7）开关 N_2/SF_6/油压总闭锁。

500kV 公用测控 1 光字窗点亮的光字牌：

1）500kV 母线故障录波器启动；

2）500kV 1 号故障录波器启动；

3）500kV 2 号故障录波器启动。

500kV 公用测控 2 光字窗点亮的光字牌：

1）500kV 3 号故障录波器启动；

2）500kV 4 号故障录波器启动。

35kV 公用光字牌点亮：

主变故障录波器启动。

220kV 正母 I 段光字窗点亮的光字牌：

1）220kV 1 号故障录波器启动；

2）220kV 2 号故障录波器启动。

小荷 2290 线光字窗点亮的光字牌：

1）第一套高频保护收发信机动作；

2）第二套高频保护收发信机动作。

小江 2289 线光字窗点亮的光字牌：

同小荷 2290 线。

2．一次设备现场设备动作情况

（1）绿城线 5031 开关三相均处于合闸位置。

（2）绿城线/山城线 5032 开关三相均处于分闸位置。

3．保护动作情况

（1）在绿城 5167 线第一套保护屏，分相电流差动保护 P546 面板上 ALARM（报警指示，黄色）灯闪烁，TRIP（跳闸指示，红色）、C 相电流差动动作红灯亮。

装置液晶界面上主要保护动作信息有：

- [时间]
- Started phase C（C 相过流元件启动）
- Trip phase C（跳 C 相）
- Current diff start（启动元件为差动元件）
- Current diff trip intertrip（差动联跳）
- Fault duration [数值]（故障持续时间）
- CB operate time [数值]（开关动作时间）
- Fault location [数值]（故障测距）
- IA local [数值]（本侧 A 相电流）
- IB local [数值]（本侧 B 相电流）
- IC local [数值]（本侧 C 相电流）
- IA Remote [数值]（对侧 A 相电流）
- IB Remote [数值]（对侧 B 相电流）
- IC Remote [数值]（对侧 C 相电流）
- IA Differential [数值]（A 相差流值）
- IB Differential [数值]（B 相差流值）
- IC Differential [数值]（C 相差流值）
- IA Bias [数值]（A 相制动电流）
- IB Bias [数值]（B 相制动电流）
- IC Bias [数值]（C 相制动电流）

（2）在绿城 5167 线第一套保护屏，后备距离保护 P443 面板上 ALARM（报警指示，黄色）灯闪烁，TRIP（跳闸指示，红色）灯亮，C 相跳闸、距离Ⅰ段动作红灯亮。

装置液晶界面上主要保护动作信息有：

- Start phase C（C 相过流元件启动）
- Trip phase C（跳 C 相）
- Distance start Z1（距离Ⅰ段启动）
- Distance trip Z1（距离Ⅰ段动作出口）
- Earth fault start IN>1（反时限零流启动）
- Fault duration [数值]（故障持续时间）
- CB operate time [数值]（开关动作时间）
- Fault location [数值]（故障测距）

（3）在绿城 5167 线第一套保护屏上：

1）绿城 5167 线第一套保护跳 5031 开关 C 相出口继电器 CKJ3 掉牌；

2）绿城 5167 线第一套保护跳 5032 开关 C 相出口继电器 CKJ6 掉牌。

（4）在绿城 5167 线第一套保护屏后：

1）分相电流差动保护 C 跳信号继电器 AUX3 掉牌；

2）分相电流差动保护动作信号继电器 AUX4 掉牌；

3）后备距离保护 C 跳信号继电器 Y4 掉牌；

4）后备距离保护动作信号继电器 Y8 掉牌。

（5）在绿城 5167 线第二套保护屏，保护动作情况同第一套保护屏。

（6）在绿城线 5031 开关保护屏，开关保护 REC670 面板上 Start 黄灯亮，Trip 红灯亮，C 相跳闸、重合闸动作红灯亮。

装置液晶界面上主要保护动作信息有：

- TRIP-TRIP（保护装置总跳闸）
- TRIP-TRL3（保护动作跳 C 相）
- RETRIP-C（外部启动 C 相跳闸）
- PHASE-A-CLOSE（断路器 A 相合位）
- PHASE-B-CLOSE（断路器 B 相合位）
- PHASE-C-CLOSE（断路器 C 相合位）
- AR-CLOSECB（重合闸动作）
- START-AR（外部启动重合闸）

（7）在绿城线/山城线 5032 开关保护屏，开关保护 REC670 面板上 Start 黄灯亮，Trip 红灯亮，A 相跳闸、B 相跳闸、C 相跳闸红灯亮，重合闸被闭锁黄灯亮。

装置液晶界面上主要保护动作信息有：

- TRIP-TRIP（保护装置总跳闸）
- TRIP-TRL3（保护动作跳 C 相）
- RETRIP-C（外部启动 C 相跳闸）
- START-AR（外部启动重合闸）
- AR01-BLOCKED（重合闸被闭锁）
- PREP_3PH（准备三相跳闸）

（8）在绿城线 5031 开关测控屏，操作箱 FCX-22HP 面板上跳 CⅠ、跳 CⅡ、重合闸红灯亮。

（9）在绿城线/山城线 5032 开关测控屏，操作箱 FCX-22HP 面板上：

1）跳 AⅡ、跳 BⅡ、跳 CⅡ红灯亮；

2）合位 AⅠ、合位 BⅠ、合位 CⅠ指示灯灭。

（10）在绿城线/山城线 5032 开关测控屏屏后，绿城线/山城线 5032 开关第一组控制电源小开关 3DKK 跳闸。

4. 故障录波器动作情况

（1）500kV 母线故障录波器嵌入式录波单元录波指示灯亮，有录波文件。

（2）220kV 1 号、2 号故障录波器嵌入式录波单元录波指示灯亮，有录波文件。

（3）主变故障录波器嵌入式录波单元录波指示灯亮，有录波文件。

（4）500kV 1～4 号故障录波器嵌入式录波单元录波指示灯亮，有录波文件。

五、主要处理步骤

（1）记录时间，消除音响。

（2）在故障后 5min 内，值长将收集的开关跳闸等情况简要汇报调度。

（3）记录光字牌并核对正确后复归。

（4）根据所跳开关及监控后台信号等，初步判断故障范围。

（5）派一组运维人员到一次设备现场实地检查绿城线 5031 开关、绿城线/山城线 5032 开关的实际位置及外观、SF$_6$ 气体压力、液压机构储能情况等，并检查绿城 5067 线路保护范围内设备。

（6）派另一组运维人员到二次设备现场检查保护动作情况，记录保护动作信号并核对正确后复归各保护及其信号，打印故障录波并分析。

（7）根据保护动作信号及现场一次设备检查情况，判断为绿城 5167 线发生 C 相瞬时接地故障，5031 开关重合成功，5032 开关因第一组控制电源消失直接三跳。

（8）在故障后 15min 内，值长将故障详情汇报调度及站部管理人员。

（9）隔离故障点及处理：

1）试合绿城线/山城线 5032 开关第一组控制电源小开关 3DKK，成功；

2）绿城线/山城线 5032 开关从热备用改运行。

（10）做好记录，上报缺陷等。

［案例 27］ 500kV Ⅰ 母 A 相永久性故障，绿城线 5031 开关拒动

一、设备配置及主要定值

1. 一次设备配置

绿城线 5031 开关采用 3AT2-EI。

2. 二次设备配置

（1）500kV Ⅰ 母、Ⅱ 母均采用 REB-103 型母差保护。

（2）绿城 5167 线采用 AREVA 公司的 P546、P443 型线路保护。

（3）绿城 5167 线 5031 开关采用 REC670 型开关保护。

3. 主要定值及其说明

（1）REB-103 型母差保护 IDT（DR）的定值为 2～5mA，IDT（SR）的定值为 400mA。

（2）REB-103 型母差保护 TA 变比均为 8000A/1A。

（3）3AT2-EI 型开关液压定值：油泵启动 32.0±0.3MPa，闭锁重合闸 30.8± 0.3MPa，闭锁合闸 27.8±0.3MPa，总闭锁 25.3±0.3MPa。

二、前置要点分析

1. REB-103 型母差保护面板上主要指示灯（见图 9-5）

（1）运行灯 In service（绿色）：此信号由绿色发光二极管指示，它有以下四个不同状态指示：

1）装置投入运行时灯亮；

2）装置退出运行时灯灭；

3）装置在运行中 1Hz 闪烁，说明检测到最小的故障但已消失；

4）装置在运行中 3Hz 闪烁，说明检测到重大故障，此时保护被闭锁退出运行。

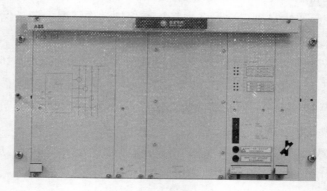

图 9-5　REB-103 型母差保护面板

（2）断线告警灯 Open TA alarm（黄色）：有 L1、L2、L3 三相，指示 TA 断线相（L1、L2、L3 分别表示 A 相、B 相、C 相）。相应相别信号指示灯亮表示电流互感器回路开路，当电流互感器回路开路 5s 后，母差保护被闭锁。此信号由黄色发光二极管指示，每相均有指示，一旦动作后自保持，需人工复位。

（3）跳闸灯 Trip（红色）：有 L1、L2、L3 三相指示母差动作相，能自保持。此信号由红色发光二极管指示，此信号灯亮表示差动继电器 DR 和启动继电器 SR 均已动作，母线保护发出跳闸信号。信号是分相的，一旦动作后自保持，需人工复位。

（4）差动启动灯 Start（黄色）：有 L1、L2、L3 三相指示启动相，不能自保持。此信号由黄色发光二极管指示，每相均有指示，此信号灯亮表示启动继电器 SR 已动作。

（5）差动灯 Diff（黄色）：有 L1、L2、L3 三相指示，差流满足动作条件时亮，指示动作相，不能自保持。此信号由黄色发光二极管指示，每相均有指示，此信号灯亮表示差动继电器 DR 已动作。

（6）装置闭锁灯 Block（黄色）：此信号由黄色发光二极管指示，此灯亮表示保护已被闭锁，自保持。

2. 母差保护 REB-103 运行注意事项

（1）用上母差保护时，在合上直流电源开关、拔出差动元件插把后，屏上运行绿灯 In service 应亮，无其他信号和掉牌，然后将复归按钮 Reset 复归一次，检查所有跳闸出口继电器均不动作，再将跳闸出口插把拔出。

（2）停用母差有两种方式：

1）正常停用：将跳闸出口插把插入；

2）短时停用：按下屏上闭锁按钮 Block 按钮，装置闭锁红灯亮，将保护出口切断，但此时失灵仍可启动母差跳闸单元出口。

（3）当母差保护动作后跳闸回路自保持，必须按下手动复归按钮 Reset 及自保复归按钮复归，才能再次合上所跳开关。

三、事故前运行工况

小雨，气温 15℃。全站处于正常运行方式，设备健康状况良好，未进行过检修。

四、主要事故现象

1. 后台监控现象

（1）监控后台事故、预告音响响。

（2）在主接线及间隔监控分画面上，事故涉及开关的状态发生变化。

1）在 500kV 第一串分画面，水城线 5012 开关三相跳闸，绿灯闪光；

2）在 500kV 第三串分画面，绿城线/山城线 5032 开关三相跳闸，绿灯闪光；

3）在 500kV 第四串分画面，2 号主变 5041 开关三相跳闸，绿灯闪光；

4）在 500kV 第五串分画面，华城线 5051 开关三相跳闸，绿灯闪光；

5）在 500kV 第六串分画面，3 号主变 5061 开关三相跳闸，绿灯闪光；

6）在 500kV 第八串分画面，实城线 5081 开关三相跳闸，绿灯闪光。

（3）潮流发生变化。

1）绿城 5167 线潮流、电压为零；

2）500kV Ⅰ母电压、频率为零。

（4）在相关间隔的光字窗中，有光字牌被点亮。

500kV Ⅰ母线光字窗点亮的光字牌：

1）500kV Ⅰ母第一、二套母差保护三相跳闸；

2）500kV Ⅰ母第一、二套母差保护出口保持。

水城线 5012 开关光字窗点亮的光字牌：

1）单元事故总信号；

2）保护总跳闸；

3）重合闸装置停用/闭锁。

绿城线 5031 开关光字窗点亮的光字牌：

1）开关油压总闭锁；

2）重合闸装置停用/闭锁；

3）开关第一组控制回路断线；

4）开关第二组控制回路断线；

5）开关油压合闸闭锁；

6）油泵打压超时；

7）开关 N_2/油压/SF_6 总闭锁；

8）保护总跳闸；

9）失灵保护动作；

10）开关保护失灵延时出口继电器未复归；

11）保护装置 TA 断线/TV 断线；

12）绿城 5167 线电能表失压报警。

绿城线/山城线 5032 开关光字窗点亮的光字牌：

同水城 5012 开关。

2 号主变 5041 开关光字窗点亮的光字牌：

1）单元事故总信号；

2）保护总跳闸；

3）启动失灵三相跳闸动作。

华城线 5051 开关光字窗点亮的光字牌：

同水城 5012 开关。

3 号主变 5061 开关光字窗点亮的光字牌：

1）单元事故总信号；

2）失灵保护 A 相瞬时重跳动作；

3）失灵保护 B 相瞬时重跳动作；

4）失灵保护 C 相瞬时重跳动作；

5）开关主变/母差保护三相跳闸启动失灵开入。

实城线 5081 开关光字窗点亮的光字牌：

单元事故总信号。

绿城 5167 线光字窗点亮的光字牌：

1）第一套分相电流差动/后备距离保护装置 TV 断线；

2）第二套分相电流差动/后备距离保护装置 TV 断线。

500kV 公用测控 1 光字窗点亮的光字牌：

1）500kV 母线故障录波器启动；

2）500kV 1 号故障录波器启动；

3）500kV 2 号故障录波器启动。

500kV 公用测控 2 光字窗点亮的光字牌：

1）500kV 3 号故障录波器启动；

2）500kV 4 号故障录波器启动。

35kV 公用测控光字窗点亮的光字牌：

主变故障录波器启动。

220kV 正母 I 段光字窗点亮的光字牌：

1）220kV 1 号故障录波器动作；

2）220kV 2 号故障录波器动作。

2. 一次设备现场设备动作情况

（1）水城线 5012 开关三相均处于分闸位置。

（2）绿城线/山城线 5032 开关三相均处于分闸位置。

（3）2 号主变 5041 开关三相均处于分闸位置。

（4）华城线 5051 开关三相均处于分闸位置。

（5）3 号主变 5061 开关三相均处于分闸位置。

（6）实城线 5081 开关三相均处于分闸位置。

（7）500kV I 母 A 相有明显闪络接地痕迹。

（8）绿城线 5031 开关三相均处于合闸位置，B 相液压机构压力为 25MPa，已降至油压总闭锁值以下。

3. 保护动作情况

（1）在 500kV I 母第一套母差保护屏，母线保护 REB-103 面板上 Trip L1 红灯亮（动作后自保持）。

（2）在 500kV I 母第一套母差保护屏：

1）跳 5012 开关自保持继电器 1BCJ（RA1.U15.101.107）动作；

2）跳 5031 开关自保持继电器 3BCJ（RA1.U15.101.125）动作；

3）跳 5041 开关自保持继电器 4BCJ（RA1.U15.101.325）动作；

4）跳 5051 开关自保持继电器 5BCJ（RA1.U19.101.107）动作；

5）跳 5061 开关自保持继电器 6BCJ（RA1.U19.101.307）动作；

6）跳 5081 开关自保持继电器 8BCJ（RA1.U19.125.307）动作；

7）保护跳闸/TA 开路信号继电器 1XJ（RA1.U15.143.101）掉牌；

8）直流故障/出口保持信号继电器 3XJ（RA1.U15.143.107）掉牌。

（3）在 500kV I 母第二套母差保护屏，REB-103 现象同 500kV I 母第一套母差保护屏。

（4）在绿城线/山城线 5032 开关保护屏，开关保护 REC670 面板上 Start 黄灯亮，重合闸被闭锁黄灯亮。

装置液晶界面上主要保护动作信息有：

• AR01_BLOCKED（重合闸被闭锁）

（5）在绿城线 5031 开关保护屏，开关保护 REC670 面板上 Start 黄灯亮、Trip 红灯亮，A 相跳闸、B 相跳闸、C 相跳闸红灯亮，失灵保护动作红色灯亮，重合闸被闭锁、重合闸压力闭锁黄灯亮。

装置液晶界面上主要保护动作信息有：

- TRIP-TRIP（保护装置总跳闸）
- TRIP-TRL1（保护动作跳 A 相）
- TRIP-TRL2（保护动作跳 B 相）
- TRIP-TRL3（保护动作跳 C 相）
- BFP-BLOCK-AR（失灵动作闭锁重合闸）
- BFP-BUTRIP（失灵保护后备跳闸）
- BFP-TRRETL1（失灵保护 A 相重跳）
- BFP-TRRETL2（失灵保护 B 相重跳）
- BFP-TRRETL3（失灵保护 C 相重跳）
- RETRIP-A（外部启动 A 相跳闸）
- RETRIP-B（外部启动 B 相跳闸）
- RETRIP-C（外部启动 C 相跳闸）
- 2/3-PH-TRRET（两相或三相跳闸）
- AR01_BLOCKED（重合闸被闭锁）
- BBP-STBFP（母线保护启动失灵）
- PHASE-A-CLOSE（开关 A 相合位）
- PHASE-B-CLOSE（开关 B 相合位）
- PHASE-C-CLOSE（开关 C 相合位）

（6）在绿城 5167 线第一套线路保护屏，线路保护 P546 面板上 ALARM、TV 断线亮；P443 保护面板上 LED 灯 ALARM、TV 断线亮。

（7）在绿城 5167 线第二套线路保护屏，P546 现象同绿城 5167 线第一套线路保护屏。

（8）在水城线 5012 开关保护屏，开关保护 REC670 面板上 Start 黄灯亮，Trip 红灯亮，A 相跳闸、B 相跳闸、C 相跳闸红灯亮，重合闸被闭锁黄灯亮。

装置液晶界面上主要保护动作信息有：
- TRIP-TRIP（保护装置总跳闸）
- TRIP-TRL1（保护动作跳 A 相）
- TRIP-TRL2（保护动作跳 B 相）
- TRIP-TRL3（保护动作跳 C 相）
- RETRIP-A（外部启动 A 相跳闸）
- RETRIP-B（外部启动 B 相跳闸）
- RETRIP-C（外部启动 C 相跳闸）
- 2/3-PH-TRRET（两相或三相跳闸）
- AR01_BLOCKED（重合闸被闭锁）
- BBP-STBFP（母线保护启动失灵）

（9）在华城线 5051 开关保护屏，REC670 动作情况同水城线 5012 开关保护屏。

（10）在实城线 5081 开关保护屏，开关保护 PSL-632U 面板上保护动作红灯亮、运行绿灯闪烁，A 相跳闸、B 相跳闸、C 相跳闸红灯亮，重合闸允许绿灯灭。

装置液晶界面上主要保护动作信息有：

- 保护起动
- 失灵跟跳 A 相
- 失灵跟跳 B 相
- 失灵跟跳 C 相
- 重合闸启动闭锁

（11）在 2 号主变 5041 开关保护屏，开关保护 REC670 面板上 Start 黄灯亮，Trip 红灯亮，A 相跳闸、B 相跳闸、C 相跳闸红灯亮。

装置液晶界面上主要保护动作信息有：

- TRIP-TRIP（保护装置总跳闸）
- TRIP-TRL1（保护动作跳 A 相）
- TRIP-TRL2（保护动作跳 B 相）
- TRIP-TRL3（保护动作跳 C 相）
- RETRIP-A（外部启动 A 相跳闸）
- RETRIP-B（外部启动 B 相跳闸）
- RETRIP-C（外部启动 C 相跳闸）
- 2/3-PH-TRRET（两相或三相跳闸）
- AR01＿BLOCKED（重合闸被闭锁）
- BBP-STBFP（母线保护启动失灵）

（12）在 3 号主变 5061 开关保护屏，开关保护 RCS-921A 面板上跳 A、跳 B、跳 C 红灯亮。

装置液晶界面上主要保护动作信息有：

- 失灵保护 A 相瞬时重跳动作
- 失灵保护 B 相瞬时重跳动作
- 失灵保护 C 相瞬时重跳动作

4. 故障录波器动作情况

（1）500kV 母线故障录波器嵌入式录波单元录波指示灯亮，有录波文件。

（2）500kV 2 号故障录波器嵌入式录波单元录波指示灯亮，有录波文件。

五、主要处理步骤

（1）记录时间，消除音响。

（2）在故障后 5min 内，值长将收集的开关跳闸等情况简要汇报调度。

（3）记录光字牌并核对正确后复归。

（4）根据所跳开关及监控后台信号等，初步判断故障范围。

（5）派一组运维人员到一次设备现场实地检查开关跳闸情况及设备运行情况、是否有明显的故障点等。

（6）派另一组运维人员到二次设备现场检查保护动作情况，记录保护动作信号并核对正确后复归各保护及其信号，打印故障录波并分析。

（7）根据保护动作信号及现场一次设备检查情况，判断为 500kVⅠ母 A 相闪络永久性接地，500kVⅠ母第一、第二套母差保护动作，跳开水城线 5012 开关、实城线 5081 开关、2 号主变 5041 开关、华城线 5051 开关、3 号主变 5061 开关。绿城线 5031 开关失灵（B 相油压总闭锁引起）保护动作跳开绿城线/山城线 5032 开关，发远跳跳开对侧线路开关，并闭锁开关重合闸。

（8）将详细事故情况汇报国调中心（第二次），并将上述事故情况汇报其他调度及站部人员。

（9）隔离故障点，根据国调中心发令隔离故障点及处理：

1）水城线 5012 开关从热备用改为冷备用；

2）绿城线 5031 开关从热备用改为冷备用（用两侧刀闸隔离）；

3）2 号主变 5041 开关从热备用改为冷备用；

4）华城线 5051 开关从热备用改为冷备用；

5）3 号主变 5061 开关从热备用改为冷备用；

6）实城线 5081 开关从热备用改为冷备用；

7）绿城线/山城线 5032 开关从热备用改为运行（充电）；

8）500kVⅠ母线从冷备用改为检修；

9）绿城线 5031 开关从冷备用改为开关检修。

（10）做好记录，上报缺陷等。

六、补充说明

如果电压波动大，应注意无功自动投切情况。

［案例 28］ 3 号主变中压侧开关死区故障，高、中压侧开关拒动

一、设备配置及主要定值

1. 一次设备配置

（1）3 号主变采用 ODFPS-250000/500。

（2）3 号主变 5061 开关、5062 开关采用 LW10B-550W/CYT。

（3）3 号主变 2603 开关采用 3AP1-FG。

（4）3 号主变 3530 开关采用 3AQ1-EG。

2. 二次设备配置

（1）主变非电量保护采用 RCS-974FG。

（2）3 号主变 2603 开关失灵保护采用 RCS-923C。

（3）3 号主变 2603 开关采用 PST-1212 型三相双跳操作箱。

（4）3 号主变 5061 开关采用 FCX-22HP 型分相操作箱。

（5）3 号主变 5061 开关失灵保护采用 RCS-921A。

（6）220kV 母线保护采用 BP-2B。

3. 主要定值及其说明

（1）3AP1-FG 型开关 SF_6 压力定值：额定 0.6MPa，泄漏报警 0.52MPa，总闭锁 0.5MPa。

（2）LW10B-550W/CYT 型开关液压定值：闭锁重合闸 30.5MPa，闭锁合闸 27.8MPa，总闭锁 25.8MPa。

（3）3 号主变 2603 开关失灵保护 RCS-923C 的电流变化量启动值为 0.15A，零序电流启动值为 0.15A，失灵启动零序电流值为 20A（不用），失灵启动负序电流值为 20A（不用）。失灵启动相电流定值为 0.70A，失灵联跳时间定值为 0.2s，TA 变比为 3200A/1A。

（4）220kVⅡ段母线第一套母差保护 BP-2B，差动复合电压闭锁差动保护低电压 U_{ab} 定值为 65V，差动保护零序电压定值 $3U_0$ 为 6V，差动保护负序电压 U_2 定值为 4V。

二、前置要点分析

1. 3 号主变 2603 开关死区故障

图 9-6 和图 9-7 分别给出了 2 号主变和 3 号主变的电流回路。在图 9-6 中，除 15～17TA、25～34TA 为主变三侧及中性点套管 TA 的次级，其余均为主变高、中、低压侧独立 TA 的次级。在图 9-7 中，除 15～17TA、25～31TA、35～37TA 为主变三侧及中性点套管 TA 的次级之外，其余均为主变高、中、低压侧独立 TA 的次级。

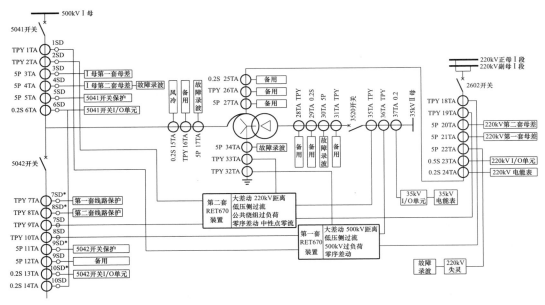

图 9-6　2 号主变电流回路

如图 9-7 所示，3 号主变 220kV TA 与 3 号主变 2603 开关之间故障时，在主变差动范围外，但在 220kV 母差保护范围内，母差保护动作跳开 2 号母联及正母分段，跳开 220kV 正母 II 段上所有间隔，但故障仍然存在。这种情形也属于母差保护死区故障，要依靠母差保护动作启动失灵，跳开主变高压侧和低压侧开关来隔离故障，如图 9-8 所示。

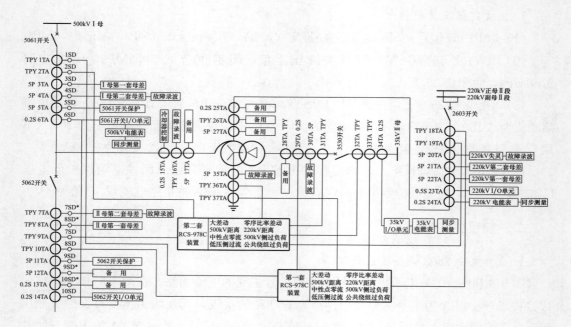

图 9-7　3 号主变电流回路

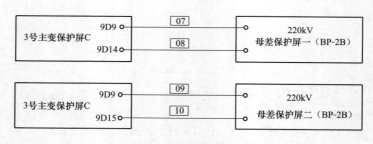

图 9-8　220kV 母线保护动作启动失灵

2. 3 号主变 220kV 开关失灵保护

220kV 开关失灵保护安装在 3 号主变本体/220kV 开关失灵保护屏（C 屏），该屏由 3 号主变本体保护和 220kV 开关失灵保护组成。本体保护与高中压侧开关失灵保护跳闸共用出口。

当 220kV 母差动作，开关失灵时，经 200ms 延时，跳主变各侧开关。RCS-923C 型保护失灵启动元件工作逻辑如图 9-9 所示。

在本例中，仅使用相过流失灵启动元件。

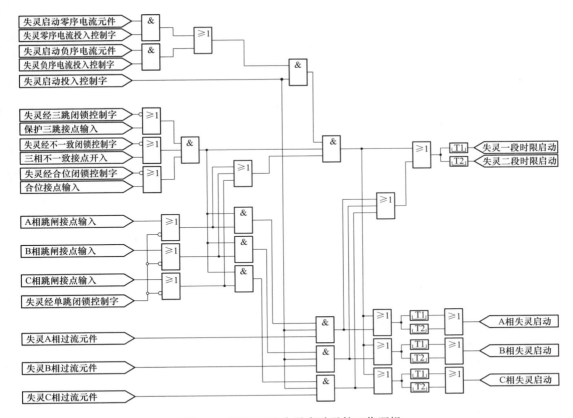

图 9-9　RCS-923C 失灵启动元件工作逻辑

3. BP-2B 型保护差动复合电压闭锁开放

以电流判据为主的差动元件，可用电压闭锁元件来配合，以提高保护整体的可靠性。因其电压闭锁元件的判据中用到了低电压、零序和负序电压，所以称为复合电压闭锁。差动元件动作的前提之一是相应母线段的母线差动复合电压元件动作。

装置面板上左上部的差动开放Ⅰ、差动开放Ⅱ、差动开放Ⅲ指示灯亮时分别表示相应母线段的差动复合电压闭锁开放，该指示灯不带自保持。

三、事故前运行工况

小雨，气温 15℃。全站处于正常运行方式，设备健康状况良好，未进行过检修。

四、主要事故现象

1. 后台监控现象
(1) 监控后台事故、预告音响响。
(2) 在主接线及间隔监控分画面上，事故涉及开关的状态发生变化。
1) 在 500kV 第一串分画面，水城线 5012 开关三相跳闸，绿灯闪光；
2) 在 500kV 第三串分画面，绿城线 5031 开关三相跳闸，绿灯闪光；

3）在 500kV 第四串分画面，2 号主变 5041 开关三相跳闸，绿灯闪光；

4）在 500kV 第五串分画面，华城线 5051 开关三相跳闸，绿灯闪光；

5）在 500kV 第六串分画面，3 号主变 5062 开关三相跳闸，绿灯闪光；

6）在 500kV 第八串分画面，实城线 5081 开关三相跳闸，绿灯闪光；

7）在小江 2289 线分画面，小江 2289 开关三相跳闸，绿灯闪光；

8）在小烟 2295 线分画面，小烟 2295 开关三相跳闸，绿灯闪光；

9）在 220kV 2 号母联分画面，220kV 2 号母联 2612 开关三相跳闸，绿灯闪光；

10）在 220kV 正母分段分画面，220kV 正母分段 2621 开关三相跳闸，绿灯闪光；

11）在 3 号主变 35kV 侧分画面，3530 开关三相跳闸，绿灯闪光；

12）在站用电分画面，2 号站用变低压开关跳闸，绿灯闪光；0 号站用变 2 号备用分支开关 02ZK 合闸，红灯闪光。

（3）潮流发生变化。

1）500kV Ⅰ 母电压、频率为零；

2）3 号主变三侧潮流为零；

3）小荷 2290 线潮流为零；

4）小烟 2295 线潮流为零。

（4）在相关间隔的光字窗中，有光字牌被点亮。

3 号主变光字牌点亮：

1）第一套后备保护动作；

2）第一套保护 TV 断线；

3）第一套后备保护 5061 开关 LOCKOUT 动作；

4）第一套后备保护 5062 开关 LOCKOUT 动作；

5）第二套后备保护动作；

6）第二套保护 TV 断线；

7）第二套后备保护 5061 开关 LOCKOUT 动作；

8）第二套后备保护 5062 开关 LOCKOUT 动作；

9）本体/开关失灵保护跳 5061 开关 LOCKOUT 动作；

10）本体/开关失灵保护跳 5062 开关 LOCKOUT 动作；

11）RCS-923C 保护动作；

12）总控 PLC 电源Ⅱ故障；

13）A/B/C 三相分控 PLC 电源Ⅱ故障。

3 号主变 5061 开关光字窗点亮的光字牌：

1）开关低油压闭锁；

2）开关第一组控制回路断线；

3）开关第二组控制回路断线；

4）失灵保护 A 相瞬时重跳动作；

5）失灵保护 B 相瞬时重跳动作；

6）失灵保护 C 相瞬时重跳动作；

7）主变/母差保护三相跳闸启动失灵开入；

8）失灵保护延时跳闸动作；

9）失灵保护 LOCKOUT 动作；

10）3 号主变 500kV 侧电能表主/副表 TV 失压报警。

3 号主变 5062 光字窗点亮的光字牌：

1）单元事故总信号；

2）主变/母差保护三相跳闸启动失灵开入；

3）失灵保护 A 相瞬时重跳动作；

4）失灵保护 B 相瞬时重跳动作；

5）失灵保护 C 相瞬时重跳动作；

6）失灵保护 LOCKOUT 动作。

3 号主变 2603 开关光字窗点亮的光字牌：

1）开关 SF₆ 泄漏；

2）开关 SF₆ 总闭锁；

3）第一组控制回路断线；

4）第二组控制回路断线。

3 号主变 3530 开关光字窗点亮的光字牌：

单元事故总信号。

2 号主变 5041 开关光字窗点亮的光字牌：

1）单元事故总信号；

2）保护总跳闸；

3）2 号主变 500kV 侧电能表主/副表 TV 失压报警。

水城线 5012 开关光字窗点亮的光字牌：

1）单元事故总信号；

2）保护总跳闸；

3）重合闸装置闭锁/停用。

绿城线 5031 开关光字窗点亮的光字牌：

同水城线 5012 开关。

华城线 5051 开关光字窗点亮的光字牌：

同水城线 5012 开关。

实城线 5081 开关光字窗点亮的光字牌：

1）单元事故总信号；

2）开关保护装置动作。

500kVⅠ母线光字窗点亮的光字牌：

500kVⅠ母第一/第二套母差保护出口保持。

500kV 公用测控 1 光字窗点亮的光字牌：

1）500kV 母线故障录波器启动；

2）500kV 1 号故障录波器启动；

3）500kV 2 号故障录波器启动。

500kV 公用测控 2 光字窗点亮的光字牌：

1）500kV 3 号故障录波器启动；

2）500kV 4 号故障录波器启动。

500kV TV 光字窗点亮的光字牌：

500kVⅠ母电压异常。

小江 2289 线光字窗点亮的光字牌：

1）单元事故总信号；

2）第一套高频保护收发信机动作；

3）第二套高频保护收发信机动作；

4）第一组出口跳闸；

5）第二组出口跳闸；

6）操作箱事故跳闸信号；

7）第一组控制回路断线；

8）第二组控制回路断线。

小荷 2290 线光字窗点亮的光字牌：

1）第一套高频保护收发信机动作；

2）第二套高频保护收发信机动作。

小烟 2295 线光字窗点亮的光字牌：

1）单元事故总信号；

2）第一组出口跳闸；

3）第二组出口跳闸；

4）第一组控制回路断线；

5）第二组控制回路断线；

6）操作箱事故跳闸信号。

220kV 正母Ⅱ段光字窗点亮的光字牌：

1）220kV 第一套母差保护动作；

2）220kV 第二套母差保护动作；

3）220kV 第一套母差保护开入变位/异常；

4）220kV 第二套母差保护开入变位/异常；

5）220kV 1 号故障录波器启动；

6）220kV 2 号故障录波器启动；

7）TV 失压；

8）220kV 第一套母差保护 TV 断线/复合电压闭锁开放；

9）220kV 第二套母差保护 TV 断线/复合电压闭锁开放。

220kV 正母Ⅰ段光字窗点亮的光字牌：

1）220kV 1 号故障录波器启动；

2）220kV 2 号故障录波器启动。

220kV 2 号母联光字窗点亮的光字牌：

1）单元事故总信号；

2）第一组出口跳闸；

3）第二组出口跳闸；

4）第一组控制回路断线；

5）第二组控制回路断线。

220kV 正母分段光字窗点亮的光字牌：

同 220kV 2 号母联。

35kV Ⅲ母光字窗点亮的光字牌：

35kV Ⅲ母 TV 失压。

35kV 公用测控光字窗点亮的光字牌：

主变故障录波器启动。

2 号站用变光字窗点亮的光字牌：

保护装置告警/呼唤。

0 号站用电 2 光字窗点亮的光字牌：

0 号站用变 2 号备用分支开关备自投动作。

2．一次设备现场设备动作情况

（1）小江 2289 开关三相均处于分闸位置。

（2）小烟 2295 开关三相均处于分闸位置。

（3）220kV 2 号母联 2612 开关三相均处于分闸位置。

（4）220kV 正母分段 2621 开关三相均处于分闸位置。

（5）3 号主变 2603 开关三相处于合闸位置，A 相 SF_6 压力为 0.35MPa，已降至总闭锁值以下。

（6）3 号主变 5062 开关三相均处于分闸位置。

（7）水城线 5012 开关三相均处于分闸位置。

（8）绿城线 5031 开关三相均处于分闸位置。

（9）2 号主变 5041 开关三相均处于分闸位置。

（10）华城线 5051 开关三相均处于分闸位置。

（11）实城线 5081 开关三相均处于分闸位置。

（12）3 号主变 5061 开关三相处于合闸位置，B 相液压机构压力为 23MPa，已降至油压总闭锁值以下。

（13）3号主变3530开关三相均处于分闸位置。

（14）2号站用变低压开关2ZK在分闸位置。

（15）0号站用变2号备用分支开关02ZK在合闸位置。

3. 保护动作情况

（1）在220kV正副母Ⅱ段第一套母差保护屏，母线保护BP-2B装置面板上左侧差动动作/母联失灵Ⅰ、失灵动作Ⅰ红灯亮，右侧差动动作、失灵动作、TV断线、开入变位红灯亮。

装置液晶界面上主要保护动作信息有：

- 在模拟图上，220kV正母分段2621开关、220kV 2号母联2612开关在分位
- 220kV正母Ⅱ段母差动作

（2）在220kV正副母Ⅱ段第二套母差保护屏，BP-2B现象同第一套。

（3）在220kV 1号母联/正母分段保护屏，正母分段开关操作箱CZX-12R2面板上：

1）第一组跳闸回路A相、B相、C相监视灯OP灭；

2）第二组跳闸回路A相、B相、C相监视灯OP灭；

3）第一组跳闸回路跳A相、B相、C相指示灯TA、TB、TC亮；

4）第二组跳闸回路跳A相、B相、C相指示灯TA、TB、TC亮。

（4）在220kV 2号母联/副母分段保护屏，220kV 2号母联开关CZX-12R2现象同正母分段开关。

（5）在小江2289线第一套保护屏，开关保护CSC-122A面板上充电灯灭。

装置液晶界面上主要保护动作信息有：

- 闭锁重合闸

（6）在小江2289线第二套保护屏，CZX-12R2现象同正母分段开关。

（7）在小烟2295线第一套保护屏，CSC-122A现象同小江2289线。

（8）在小烟2295线第二套保护屏，CZX-12R2现象同正母分段开关。

（9）在水城线5012开关测控屏，操作箱FCX-22HP面板上：

1）跳AⅠ、跳BⅠ、跳CⅠ、跳AⅡ、跳BⅡ、跳CⅡ红灯亮；

2）跳位A、跳位B、跳位C绿灯亮；

3）合位AⅠ、合位BⅠ、合位CⅠ、合位AⅡ、合位BⅡ、合位CⅡ红灯亮。

（10）在水城线5012开关保护屏，开关保护REC670面板上Start黄灯亮，Trip红灯亮，A相跳闸、B相跳闸、C相跳闸红灯亮，重合闸被闭锁黄灯亮。

装置液晶界面上主要保护动作信息有：

- TRIP-TRIP（保护装置总跳闸）
- TRIP-TRL1（保护动作跳A相）
- TRIP-TRL2（保护动作跳B相）
- TRIP-TRL3（保护动作跳C相）

- RETRIP-A（外部启动 A 相跳闸）
- RETRIP-B（外部启动 B 相跳闸）
- RETRIP-C（外部启动 C 相跳闸）
- 2/3-PH-TRRET（两相或三相跳闸）
- AR01_BLOCKED（重合闸被闭锁）

（11）在绿城线 5031 开关测控屏，FCX-22HP 现象同水城线 5012 开关保护屏。

（12）在绿城线 5031 开关保护屏，开关保护 REC670 面板上 Start 黄灯亮，Trip 红灯亮，A 相跳闸、B 相跳闸、C 相跳闸红灯亮，重合闸被闭锁黄灯亮。

装置液晶界面上主要保护动作信息有：
- TRIP-TRIP（保护装置总跳闸）
- TRIP-TRL1（保护动作跳 A 相）
- TRIP-TRL2（保护动作跳 B 相）
- TRIP-TRL3（保护动作跳 C 相）
- RETRIP-A（外部启动 A 相跳闸）
- RETRIP-B（外部启动 B 相跳闸）
- RETRIP-C（外部启动 C 相跳闸）
- 2/3-PH-TRRET（两相或三相跳闸）
- AR01 _ BLOCKED（重合闸被闭锁）

（13）在 2 号主变 5041 开关测控屏，FCX-22HP 现象同水城线 5012 开关保护屏。

（14）在 2 号主变 5041 开关保护屏，开关保护 REC670 面板上 Start 黄灯亮，Trip 红灯亮，A 相跳闸、B 相跳闸、C 相跳闸红灯亮。

装置液晶界面上主要保护动作信息有：
- TRIP-TRIP（保护装置总跳闸）
- TRIP-TRL1（保护动作跳 A 相）
- TRIP-TRL2（保护动作跳 B 相）
- TRIP-TRL3（保护动作跳 C 相）
- RETRIP-A（外部启动 A 相跳闸）
- RETRIP-B（外部启动 B 相跳闸）
- RETRIP-C（外部启动 C 相跳闸）
- 2/3-PH-TRRET（两相或三相跳闸）

（15）在 500kV Ⅰ 母第一套母差保护屏 REB-103 保护装置：

1）跳 5012 开关自保持继电器 1BCJ（U15.101.107）动作；

2）跳 5031 开关自保持继电器 3BCJ（U15.101.125）动作；

3）跳 5041 开关自保持继电器 4BCJ（U15.101.325）动作；

4）跳 5051 开关自保持继电器 5BCJ（U19.101.107）动作；

5）跳 5061 开关自保持继电器 6BCJ（U19.101.307）动作；

6）跳 5081 开关自保持继电器 8BCJ（U19.125.307）动作；

7）保护跳闸/TA 开路信号继电器 1XJ（U15.143.101）掉牌；

8）直流故障/出口保持信号继电器 3XJ（U15.143.107）掉牌。

（16）在 500kVⅠ母第二套母差保护屏，保护动作现象同 500kVⅠ母第一套母差保护屏。

（17）在 3 号主变 5061 开关测控屏，操作箱 FCX-22HP 面板上：

1）合位 AⅠ、合位 BⅠ、合位 CⅠ绿灯灭；

2）合位 AⅡ、合位 BⅡ、合位 CⅡ绿灯灭。

（18）在 3 号主变 5061 开关保护屏，开关保护 RCS-921A 面板上跳 A、跳 B、跳 C 红灯亮，自保持。

装置液晶界面上主要保护动作信息有：

- A 相跟跳
- B 相跟跳
- C 相跟跳

（19）在 3 号主变 5061 开关保护屏，操作继电器箱 CJX-02 面板上：

1）跳 5061 开关 TC1 的 LOCKOUT 动作，红灯亮；

2）跳 5061 开关 TC2 的 LOCKOUT 动作，红灯亮。

（20）在 3 号主变 5062 开关测控屏，操作箱 FCX-22HP 面板上：

1）跳 AⅠ、跳 BⅠ、跳 CⅠ、跳 AⅡ、跳 BⅡ、跳 CⅡ红灯亮；

2）跳位 A、跳位 B、跳位 C 绿灯亮。

（21）在 3 号主变 5062 开关保护屏，RCS-921A 现象同 3 号主变 5061 开关保护屏。

（22）在 3 号主变 5062 开关保护屏，操作继电器箱 CJX-02 面板上：

1）跳 5062 开关 TC1 的 LOCKOUT 动作，红灯亮；

2）跳 5062 开关 TC2 的 LOCKOUT 动作，红灯亮。

（23）在实城线 5081 开关测控屏，操作箱 CZX-22G 面板上：

1）跳闸回路监视Ⅰ、Ⅱ的 A 相、B 相、C 相绿灯灭；

2）合闸回路监视 A 相、B 相、C 相红灯亮；

3）跳闸信号Ⅰ、Ⅱ的跳 A、跳 B、跳 C 红灯亮。

（24）在实城线 5081 开关保护屏，开关保护 PSL-632U 面板上重合允许绿灯灭。

（25）在 3 号主变第一套保护屏，主变保护 RCS-978 面板上报警黄灯亮，跳闸红灯亮。

装置液晶界面上主要保护动作信息有：

- 220kV 相间阻抗Ⅱ段
- 500kV 相间阻抗Ⅱ段

（26）在 3 号主变第一套保护屏，操作继电器箱 CJX-02 面板上：

1）跳 5061 开关 TC1 的 LOCKOUT 动作，红灯亮；

2）跳 5062 开关 TC1 的 LOCKOUT 动作，红灯亮。

（27）在 3 号主变第二套保护屏，RCS-978 现象同第一套，CJX-02 面板上：

1）跳 5061 开关 TC2 的 LOCKOUT 动作，红灯亮；

2）跳 5062 开关 TC2 的 LOCKOUT 动作，红灯亮。

（28）在 3 号主变本体/220kV 开关失灵保护屏，RCS-923 面板上 A 相过流、B 相过流、C 相过流红灯亮。

装置液晶界面上主要保护动作信息有：

- 失灵启动

（29）在 3 号主变本体/220kV 开关失灵保护屏，操作继电器箱 CJX-02 面板上：

1）跳 5061 开关的 LOCKOUT 动作，红灯亮；

2）跳 5062 开关的 LOCKOUT 动作，红灯亮。

（30）在 3 号主变本体及 35kV 侧测控屏，3 号主变 3530 开关操作箱 PST-1212 面板上：

1）合闸位置Ⅰ、合闸位置Ⅱ指示灯灭；

2）跳闸位置指示灯亮；

3）Ⅰ跳闸启动、Ⅱ跳闸起动指示灯亮；

4）保护Ⅰ跳闸、保护Ⅱ跳闸指示灯亮。

（31）在站用电保护屏，2 号站用变保护 CSC-241C 面板上告警红灯亮。

装置液晶界面上主要保护动作信息有：

- TV 断线

（32）2 号站用变低压侧开关 2ZK 失压脱扣动作。

（33）0 号站用变 2 号备用分支开关备自投动作信号继电器掉牌。

4. 故障录波器动作情况

（1）220kV 1 号、2 号故障录波器嵌入式录波单元录波指示灯亮，有录波文件。

（2）500kV 1～4 号故障录波器嵌入式录波单元录波指示灯亮，有录波文件。

（3）主变故障录波器嵌入式录波单元录波指示灯亮，有录波文件。

五、主要处理步骤

（1）记录时间，消除音响。

（2）在故障后 5min 内，值长将收集的开关跳闸等情况简要汇报调度。

（3）记录光字牌并核对正确后复归。

（4）根据所跳开关及监控后台信号等，初步判断故障范围。

（5）派一组运维人员到一次设备现场实地检查开关跳闸情况及设备运行情况、是否有明显的故障点等。

（6）派另一组运维人员到二次设备现场检查保护动作情况，记录保护动作信号并核对正确后复归各保护及其信号，打印故障录波并分析。

（7）根据保护动作信号及现场一次设备检查情况，判断为在 3 号主变 5061 开关 B 相液压降低总闭锁、2603 开关 SF₆ 总闭锁时，3 号主变 2603 开关与 TA 之间 B、C 相发生相间短路故障。220kV 正母 II 段母差动作跳开 220kV 2 号母联开关、220kV 正母分段开关和正母 II 段上的小江 2289 开关和小烟 2295 开关。220kV 正母 II 段母差保护动作启动小烟 2295 线远跳，将小烟 2295 线对侧开关跳开；220kV 正母 II 段母差保护动作，将小江 2289 线高频保护停信，跳开小江 2289 线对侧开关跳开。

因故障未消除，由 220kV 母差动作启动的 3 号主变 2603 开关失灵保护，经延时后出口去跳 3 号主变三侧开关。此时，3 号主变 5061 开关拒动（B 相液压降低总闭锁），3 号主变后备保护动作（220kV 距离和 500kV 距离），启动 5061 开关失灵保护。5061 开关失灵启动 500kV I 母差动保护跳开 500kV I 母上所有开关，并跳开 3 号主变 5062 开关。

（8）将详细事故情况汇报国调分中心（第二次），并将上述事故情况汇报其他调度及站部人员。

（9）要求县调确保城变 3639 线正常供电。

（10）隔离故障点，根据国调分中心发令隔离故障点及处理：

1）3 号主变 5061 开关从运行改为冷备用（用两侧刀闸隔离解闭锁操作）；

2）3 号主变 2603 开关从运行改为冷备用（用两侧刀闸隔离解闭锁操作）；

3）3 号主变 5062 开关从热备用改为运行（充电）；

4）3 号主变 3530 开关从热备用改为运行；

5）水城线 5012 开关从热备用改为运行；

6）绿城线 5031 开关从热备用改为运行；

7）2 号主变 5041 开关从热备用改为运行；

8）华城线 5051 开关从热备用改为运行；

9）实城线 5081 开关从热备用改为运行；

10）220kV 2 号母联开关从热备用改为运行；

11）220kV 正母分段开关从热备用改为运行；

12）小江 2289 开关从热备用改为运行；

13）小烟 2295 开关从热备用改为运行；

14）3 号主变 5061 开关从冷备用改为检修；

15）3 号主变 2603 开关从冷备用改为检修；

16）站用电系统恢复正常方式运行。

（11）做好记录，上报缺陷等。

六、补充说明

3 号主变 2603 开关是否拒动与保护动作情况无关，但是增加了故障点的判断难度。

[案例 29]　220kV 线路开关断口重燃，同杆另一回线开关本体绝缘击穿

一、设备配置及主要定值

1. 一次设备配置

（1）小江 2289 开关、小荷 2290 开关采用 3AP1-FI。

（2）220kV 2 号母联 2612 开关采用 3AP1-FG。

（3）220kV 正母分段 2621 开关、220kV 副母分段 2622 开关采用 3AP1-FG。

2. 二次设备配置

（1）小江 2289 线、小荷 2290 线第一套保护屏配置 CSC-101A 型线路保护和 CSC-122A 型开关保护。

（2）小江 2289 线、小荷 2290 线第二套保护屏配置 RCS-901A 型线路保护和 CZX-12R2 型分相操作箱。

3. 主要定值及其说明

（1）小江 2289 线全长 29.289km。

（2）小荷 2290 线全长 60.56km。

（3）小江 2289 线、小荷 2290 线的线路 TA 变比均为 1600A/1A。

（4）CSC-101A 型保护的突变量电流定值为 0.15A。

二、前置要点分析

1. PST-1212 型双跳操作箱（见图 9-10）

PST-1212 型双跳操作箱适用主变 220kV 开关、母联开关、母分开关，适用于具有两个跳闸线圈且三相联动的开关。因此，合闸位置和分闸位置指示灯均不分相，而且其操作箱面板能够直接反映是哪一套保护动作跳闸。上述指示灯点亮后自保持，需按下复归相应的按钮才能使指示灯熄灭。

2. CSC-101A 型保护选相（见图 9-11）

CSC-101A 型保护利用电流突变量、低电压、零负序稳态量进行选相，如果线路上故障电流较大，电流突变量、低电压、零负序稳态量达到定值，保护将正确选相跳闸。如果线路上故障电流较小，电流突变量、低电压、零负序稳态量未达到定值，保护将无法准确判别出故障相别，最后只能由高频零序保护或零序过流Ⅲ段保护动作出口跳开故障线路的三相开关。

图 9-10　正常运行时，PST-1212 型操作箱面板指示灯状态

图 9-11　CSC-101A 型保护面板

三、事故前运行工况

雷暴，气温 22℃。全站处于正常运行方式，设备健康状况良好，无检修工作。

四、主要事故现象

1. 后台监控现象

（1）监控系统事故音响、预告音响响。

（2）在主接线及间隔监控分画面上，事故涉及开关的状态发生变化。

1）在小江 2289 线分画面上，小江 2289 开关三相跳闸，绿灯闪光；

2）在小荷 2290 线分画面上，小荷 2290 开关三相跳闸，绿灯闪光；

3）在小烟 2295 线分画面上，小烟 2295 开关三相跳闸，绿灯闪光；

4）在小溪 2296 线分画面上，小溪 2296 开关三相跳闸，绿灯闪光；

5）在 3 号主变 220kV 侧分画面上，3 号主变 2603 开关三相跳闸，绿灯闪光；

6）在 220kV2 号母联分画面上，220kV 2 号母联 2612 开关三相跳闸，绿灯闪光；

7）在 220kV 正母分段分画面上，220kV 正母分段 2621 开关三相跳闸，绿灯闪光；

8）在 220kV 副母分段分画面上，220kV 副母分段 2622 开关三相跳闸，绿灯闪光。

（3）潮流发生变化。

1）220kV 正副母Ⅱ段潮流均为零；

2）220kV 正副母Ⅱ段电压均为零。

（4）在相关间隔的光字窗中，有光字牌被点亮。

小江 2289 线光字窗点亮的光字牌：

1）单元事故总信号；

2）RCS-901A 保护跳闸；

3）CSC-101A 保护动作；

4）第一组出口跳闸；

5）第二组出口跳闸；

6）第一组控制回路断线；

7）第二组控制回路断线；

8）操作箱事故跳闸信号；

9）第一套高频保护收发信机动作；

10）第二套高频保护收发信机动作；

11）电能表 TV 失压报警。

小荷 2290 线光字窗点亮的光字牌：

同小江 2289 线。

220kV 正母 I 段光字窗点亮的光字牌：

1）220kV 1 号故障录波器启动；

2）220kV 2 号故障录波器启动。

220kV 正母 II 段光字窗点亮的光字牌：

1）220kV 第一套母差保护动作；

2）220kV 第二套母差保护动作；

3）220kV 第一套母差保护 TV 断线/复合电压闭锁开放；

4）220kV 第二套母差保护 TV 断线/复合电压闭锁开放；

5）220kV 第一套母差保护开入变位/异常；

6）220kV 第二套母差保护开入变位/异常；

7）TV 失压。

220kV 副母 II 段光字窗点亮的光字牌：

TV 失压。

小烟 2295 线光字窗点亮的光字牌：

1）单元事故总信号；

2）第一组出口跳闸；

3）第二组出口跳闸；

4）第一组控制回路断线；

5）第二组控制回路断线；

6）电能表 TV 失压报警；

7）操作箱事故跳闸信号。

小溪 2296 线光字窗点亮的光字牌：

同小烟 2295 线。

220kV 正母分段光字窗点亮的光字牌：

1）单元事故总信号；

2）第一组出口跳闸；

3）第二组出口跳闸；

4）第一组控制回路断线；

5）第二组控制回路断线。

220kV 副母分段光字窗点亮的光字牌：

同 220kV 正母分段。

220kV 2 号母联光字窗点亮的光字牌：

同 220kV 正母分段。

3 号主变 2603 开关光字窗点亮的光字牌：

1）单元事故总信号；

2）第一组控制回路断线；

3）第二组控制回路断线；

4）TV 失压；

5）电能表主表 TV 失压告警；

6）电能表副表 TV 失压告警。

500kV 公用测控 1 光字窗点亮的光字牌：

1）500kV 母线故障录波器启动；

2）500kV 1 号故障录波器启动；

3）500kV 2 号故障录波器启动。

500kV 公用测控 2 光字窗点亮的光字牌：

1）500kV 3 号故障录波器启动；

2）500kV 4 号故障录波器启动。

35kV 公用测控光字窗点亮的光字牌：

主变故障录波器启动。

2．一次设备现场设备动作情况

（1）小荷 2290 线 A、C 两相开关本体绝缘子破损脱落，并有明显放电痕迹，其他设备未见异常。

（2）小江 2289 开关三相均处于分闸位置。

（3）小荷 2290 开关三相均处于分闸位置。

（4）小烟 2295 开关三相均处于分闸位置。

（5）小溪 2296 开关三相均处于分闸位置。

（6）3 号主变 2603 开关三相均处于分闸位置。

（7）220kV 正母分段 2621 开关三相均处于分闸位置。

（8）220kV 副母分段 2622 开关三相均处于分闸位置。

（9）220kV 2 号母联 2612 开关三相均处于分闸位置。

3．保护动作情况

（1）在小江 2289 线第一套保护屏，线路保护 CSC-101A 面板上跳 A、跳 B、跳 C 红灯亮，自保持。

装置液晶界面上主要保护动作信息有：

• 30ms，距离Ⅰ段保护动作

• 35ms，高频距离保护动作

• 332ms，阻抗相近加速出口

- 492ms，距离Ⅰ段保护动作

第一次故障测距：5.5km；故障相别：C相；测距阻抗：$X=0.78\Omega$、$R=3.63\Omega$。

第二次故障测距：5.6km；故障相别：C相；测距阻抗：$X=0.79\Omega$、$R=3.68\Omega$。

第三次故障测距：12.3km；故障相别：C相；测距阻抗：$X=0.65\Omega$、$R=3.33\Omega$。

（2）在小江2289线第一套保护屏，开关保护CSC-122A面板上跳闸红灯亮，自保持。

装置液晶界面上主要保护动作信息有：

- 4ms，保护启动
- 12ms，单相跳闸启动重合
- 495ms，C相电流失灵启动
- 690ms，三跳闭锁重合闸

（3）在小江2289线第二套保护屏，线路保护RCS-901A面板上跳A、跳B、跳C红灯亮，自保持。

装置液晶界面上主要保护动作信息有：

- 12ms，工频变化量阻抗
- 28ms，距离Ⅰ段保护动作
- 31ms，纵联变化量方向
- 31ms，纵联零序方向
- 335ms，距离加速
- 487ms，距离Ⅰ段保护动作

第一次故障测距5.6km，故障相C相，故障相电流8.5kA，故障零序电流8.46kA。

第二次故障测距5.6km，故障相C相，故障相电流8.6kA，故障零序电流8.43kA。

第三次故障测距12.6km，故障相C相，故障相电流11.73kA，故障零序电流10.48kA。

（4）在小荷2290线第一套保护屏，线路保护CSC-101A面板上跳A、跳B、跳C红灯亮，自保持。

装置液晶界面上主要保护动作信息有：

- 480ms，高频零序保护动作
- 678ms，距离Ⅰ段保护动作
- 689ms，高频距离保护动作

第一次故障测距26.3km，故障相别A、C相，测距阻抗$X=6.13\Omega$、$R=21.5\Omega$。

第二次故障测距12.3km，故障相别A、C相，测距阻抗$X=0.56\Omega$、$R=3.21\Omega$。

（5）在小荷2290线线第一套保护屏，开关保护CSC-122A面板上运行灯闪光，充电灯熄灭。

装置液晶界面上主要保护动作信息有：

- 488ms，三跳闭锁重合闸

（6）在小荷2290线第二套保护屏，线路保护RCS-901A面板上跳A、跳B、跳C红灯亮，自保持。

装置液晶界面上主要保护动作信息有：

- 678ms，距离Ⅰ段保护动作
- 690ms，纵联变化量方向

第一次故障测距25.9km，故障相电流值A相0.96kA，C相0.82kA，故障零序电流0.88kA。

第二次故障测距12.6km，故障相电流值A相12.3kA，C相9.3kA，故障零序电流8.1kA。

（7）在小江2289线第二套保护屏，操作箱CZX-12R2面板上第一、二组TA、TB、TC红灯均亮，自保持。

（8）在小荷2290线第二套保护屏，操作箱CZX-12R2现象同小江2289线。

（9）在小烟2295线第二套保护屏，操作箱CZX-12R2现象同小江2289线。

（10）在小溪2296线第二套保护屏，操作箱CZX-12R2现象同小江2289线。

（11）在220kV 1号母联/正母分段开关保护屏，220kV正母分段开关操作箱CZX-12R2现象同小江2289线。

（12）在220kV 2号母联/副母分段开关保护屏，220kV 2号母联开关、220kV副母分段开关操作箱CZX-12R2现象同小江2289线。

（13）在3号主变220kV侧测控屏，操作箱PST-1212面板上：

1）合闸位置Ⅰ、合闸位置Ⅱ指示灯灭；

2）跳闸位置指示灯亮；

3）Ⅰ跳闸启动、Ⅱ跳闸启动指示灯亮；

4）保护1跳闸、保护2跳闸指示灯亮。

（14）在220kV正副母Ⅱ段第一套母差保护屏，母线保护BP-2P面板上左侧差动动作/母联失灵Ⅱ、失灵动作Ⅰ灯亮，右侧差动动作、失灵动作灯亮。

装置液晶界面上主要保护动作信息有：

- 在模拟图上，220kV 2号母联2612开关在分位
- 在模拟图上，220kV正母分段2621开关、220kV副母分段2622开关在分位
- 220kV正母Ⅱ段母差动作
- 220kV副母Ⅱ段母差动作

（15）在220kV正副母Ⅱ段第二套母差保护屏，BP-2P现象同第一套。

4. 故障录波器动作情况

220kV 1号、2号故障录波器嵌入式录波单元录波指示灯亮，有录波文件。

五、主要处理步骤

（1）记录时间，消除音响。

（2）在故障后 5min 内，值长将收集的开关跳闸等情况简要汇报调度，并注意监视 2 号主变的潮流、系统电压和频率。

（3）记录光字牌并核对正确后复归。

（4）根据所跳开关及监控后台信号等，初步判断故障范围。

（5）派一组运维人员到一次设备现场实地检查小江 4289 开关、小荷 2290 开关、小烟 2295 开关、小溪 2296 开关、3 号主变 2603 开关、220kV 正母分段开关、220kV 副母分段开关、220kV 2 号母联开关的实际位置及外观、SF$_6$ 气体压力、弹簧机构储能情况等，并检查小江 2289 线、小荷 2290 线以及 220kV 正、副母Ⅱ段保护范围内设备。

（6）派另一组运维人员到二次设备现场检查保护动作情况，记录保护动作信号并核对正确后复归各保护及其信号，打印故障录波并分析。

（7）根据保护动作信号及现场一次设备检查情况，判断有两次故障，具体情况如下：

第一次故障是由小江 2289 线 C 相故障引起，保护正确动作跳开小江 2289 开关 C 相。300ms 后，该线路 C 相再次遭受雷击，阻抗相近加速出口三跳，跳开小江 2289 三相开关。此后雷电波又一次沿线路入侵，到达小江 2289 开关后，在 C 相开关断口处发生全反射，形成的过电压导致本侧 C 相开关击穿重燃，第一、二套线路保护动作。由于故障电流继续存在，且线路保护动作后未返回，经 200ms 延时后失灵保护动作，第一时限跳开连接于 220kV 正母Ⅱ段上的 220kV 2 号母联和正母分段开关，第二时限（即 400ms 后）跳 220kV 正母Ⅱ段所有出线开关，220kV 正母Ⅱ段失电。同时，运行于该段母线的小烟 2295 线因本侧母差启动远跳，跳开对侧开关。

第二次故障是由于小江 2289 线第二次被雷击时，小荷 2290 线 A、C 相也受到雷击，两侧高频保护方向元件虽然动作，但由于侵入的雷电波电流幅值相对较低，选相不成功，经过 480ms 后，才由第一套高频零序保护动作出口，跳开小荷 2290 线三相开关；170ms 后，小荷 2290 线再次遭受雷击，第一、第二套线路保护动作；与此同时雷电波沿导线入侵，在小荷 2290 开关断口处发生全反射，形成的过电压导致小荷 2290 开关本体 A、C 两相绝缘破坏并接地。由于故障点处于 220kV 副母Ⅱ段母差保护范围内，副母Ⅱ段母差保护动作，跳开 220kV 副母分段和连接于该母线上的所有出线，220kV 副母Ⅱ段失压。运行于该段母线的小溪 2296 线因本侧母差启动远跳跳开对侧开关。

（8）在故障后 15min 内，值长将故障详情汇报调度及站部管理人员。

（9）隔离故障点及处理：

1）小江 2289 开关由热备用改为冷备用；

2）小荷 2290 开关由热备用改为冷备用；

3）220kV 正母分段开关由热备用改为运行（充电合闸）；

4）小烟 2295 开关由热备用改为正母运行；

5）3 号主变 2603 开关由热备用改为正母运行；

6）220kV 2 号母联开关由热备用改为运行（充电合闸）；

7）小溪 2296 开关由热备用改为副母运行；

8）220kV 副母分段开关由热备用改为运行；

9）小江 2289 线由冷备用改为开关及线路检修；

10）小荷 2290 线由冷备用改为开关及线路检修。

（10）做好记录，上报缺陷等。

六、补充说明

这个故障分析的难点在于 220kV 正、副母 Ⅱ 段几乎同时跳闸，而且无法直接看出开关断口击穿重燃现象，只能通过监控系统后台简报窗口上传的简报信息和 220kV 母差保护屏上的相关信息进行判断。但本次故障又是在恶劣天气条件下发生的多重故障，监控系统后台简报窗口上传的故障信息量非常大，运维人员短时间内很难甄选出有用信息，因此及时查看和记录 220kV 母差保护屏上的相关信息显得非常重要，否则易造成故障性质的误判。

思 考 题

（1）在案例 26 中，线路重合闸被闭锁，发生单相接地故障导致开关单跳后，为什么不是开关的三相不一致保护动作？

（2）在案例 26 中，如果线路单相接地前不是第一组控制电源消失，而是开关液压降低至 30.8MPa 以下，事故现象会有哪些不同？

（3）P546 型保护的制动特性是如何设计的？

（4）在案例 27 中，为什么 5032 开关会跳闸？

（5）母差保护 REB-103 运行注意事项有哪些？

（6）在案例 28 中，为什么 220kV 母差保护会动作？

（7）500kV 开关某一相液压总闭锁为什么会导致开关控制回路断线？

（8）PST-1212 型双跳操作箱适用哪类开关？

（9）在案例 29 中，小江 2289 线 C 相第二次次遭受雷击时，为什么会三跳？请结合保护装置液晶屏上的故障报文信息进行分析。

附录1　2号主变保护配置及动作情况表

保护名称		5041、5042开关		主变2602开关		主变3520开关	
		TC1	TC2	TC1	TC2	TC1	TC2
第一套保护 RET670	第一套大差动保护	√	√	√	√	√	√
	第一套零序差动保护	√	√	√	√	√	√
	500kV距离保护　I段	停用					
	500kV距离保护　II段	√	√	√	√	√	√
	过励磁跳闸	√	√	√	√	√	√
	第一套低压过流保护　t1					√	√
	第一套低压过流保护　t2	√	√	√	√		√
	过励磁告警	发信					
本体保护	重瓦斯保护	√	√	√	√	√	√
	压力释放保护	发信					
	油温高保护	发信					
	冷却器全停保护	发信					

保护名称		5041、5042开关		主变2602开关		220kV 1号母联开关、正母分段开关、副母分段开关		3520开关	
		TC1	TC2	TC1	TC2	TC1	TC2	TC1	TC2
第二套保护 RET670	第二套大差动保护		√		√				√
	第二套零序差动保护		√		√				√
	220kV距离保护　I段	停用							
	220kV距离保护　II段		√		√				√
	中性点零序电流保护　t1	停用							
	中性点零序电流保护　t2		√		√				
	第二套低压侧过流保护　t1								√
	第二套低压侧过流保护　t2		√		√			√	
	主变公共绕组过负荷	发信							
	中性点电压偏移告警	发信							
主变220kV开关失灵保护	启动本体保护	√	√	√	√			√	√
	失灵启动220kV I段第一、二套母差保护	所连接母线上所有开关							

附录2　3号主变保护配置及动作情况表

保护名称		5061、5062 开关		主变 2603 开关		主变 3530 开关		220kV 2 号母联开关、正母分段开关、副母分段开关	
		TC1	TC2	TC1	TC2	TC1	TC2	TC1	TC2
第一套保护 RCS-978C									
大差动		√		√		√			
零序比率差动		√		√		√			
过励磁保护（含定、反时限）		√		√		√			
500kV 距离保护	Ⅰ段	停用							
	Ⅱ段	√		√		√			
220kV 距离保护	Ⅰ段	停用							
	Ⅱ段	√		√		√			
低压侧过流保护	t1					√			
	t2	√		√		√			
中性点零序电流保护	t1	停用							
	t2	√		√		√			
500kV 侧过负荷		发信							
220kV 侧过负荷		停用							
35kV 侧过负荷		停用							
公共线圈过负荷		发信							
低压侧中性点电压偏移		发信							
第二套保护 RCS-978C									
大差动			√		√		√		
零序比率差动			√		√		√		
过励磁保护			√		√		√		
500kV 距离保护	Ⅰ段	停用							
	Ⅱ段		√		√		√		
220kV 距离保护	Ⅰ段	停用							
	Ⅱ段		√		√		√		
低压侧过流保护	t1						√		
	t2		√		√		√		
中性点零序电流保护	t1	停用							
	t2		√		√		√		
500kV 侧过负荷		发信							
220kV 侧过负荷		停用							
35kV 侧过负荷		停用							
公共线圈过负荷		发信							
低压侧中性点电压偏移		发信							

保护名称	5061、5062 开关		主变 2603 开关		主变 3530 开关		220kV 2 号母联开关、正母分段开关、副母分段开关	
	TC1	TC2	TC1	TC2	TC1	TC2	TC1	TC2
本体保护 RCS-974FG								
本体重瓦斯	√	√	√	√	√	√		
压力释放	发信							
冷却器全停	发信							
油温高	发信							
压力突变	发信							
本体轻瓦斯	发信							
220kV 开关失灵保护 RCS-923C								
220kV Ⅱ 段第一、二套母差动作启动主变 220kV 开关失灵保护	√	√	√	√	√	√		

附录3 其他保护配置及动作情况表

保护名称		动作后跳闸开关
500kV 线路保护		
水城 5168 线第一/二套线路保护	P546 分相电流差动	跳 5012、5013 开关
	P443 后备距离	
绿城 5167 线第一/二套线路保护	P546 分相电流差动	跳 5031、5032 开关
	P443 后备距离	
山城 5170 线第一/二套线路保护	P546 分相电流差动	跳 5032、5033 开关
	P443 后备距离	
青城 5169 线第一/二套线路保护	P546 分相电流差动	跳 5042、5043 开关
	P443 后备距离	
华城 5108 线第一/二套线路保护	RED670 分相电流差动＋后备距离	跳 5051、5052 开关
实城 5106 线第一套线路保护	RCS-931DMMV＿HD 分相电流差动＋后备距离＋RCS-925A＿HD 远跳就地判别装置	跳 5081、5082 开关
实城 5106 线第二套线路保护	CSC-103A 分相电流差动＋后备距离＋CSC-125 远跳就地故障判别装置	
春城 5107 线第一/二套线路保护	RED670 分相电流差动＋后备距离	跳 5082、5083 开关
500kV 开关保护		
5012、5013、5031、5032、5033、5042、5043、5051、5052、5082、5083 开关	失灵＋重合闸	REC670	线路单相故障，瞬时重跳本开关，经 0.2s 延时三跳本开关和相邻开关 线路相间故障，瞬时三跳本开关，经 0.2s 延时三跳本开关和相邻开关
5041 开关	失灵		瞬时三跳本开关，经 0.2s 延时三跳本开关和相邻开关
5061、5062 开关	失灵	RCS-921A	瞬时三跳本开关，经 0.2s 延时三跳本开关和相邻开关
5081 开关	失灵＋重合闸	PSL-632U	线路单相故障，瞬时重跳本开关，经 0.2s 延时三跳本开关和相邻开关 线路相间故障，瞬时三跳本开关，经 0.2s 延时三跳本开关和相邻开关
500kV 母差保护		
500kV Ⅰ 母第一、二套母差保护	REB-103	跳靠 500kV Ⅰ 母侧所有开关
500kV Ⅱ 母第一、二套母差保护		跳靠 500kV Ⅱ 母侧所有开关

保护名称			动作后跳闸开关
220kV 母差保护			
220kV 正副母 Ⅰ 段第一、二套母差保护	BP-2B		跳 220kV 正副母 Ⅰ 段上所有开关
220kV 正副母 Ⅱ 段第一、二套母差保护			跳 220kV 正副母 Ⅱ 段上所有开关
220kV 线路保护			
小清 2281 线、小明 2287 线	第一套保护	PSL-603GA	跳本出线开关及发远跳对侧
	第二套保护	RCS-931A	
	重合闸	PSL-603C	
小泉 2282 线、小烟 2295 线、小溪 2296 线、小月 2288 线	第一套保护	CSC-103A	跳本出线开关及发远跳对侧
	第二套保护	RCS-931A	
	重合闸	CSC-122A	
小江 2289 线、小荷 2290 线	第一套保护	CSC-101A	跳本出线开关及高频停信对侧
	第二套保护	RCS-901A	
	重合闸	CSC-122A	
小云 2286 线	第一套保护	CSC-103A	跳本出线开关及发远跳对侧
	第二套保护	WXH-803A	
	重合闸	CSC-122A	
220kV 1 号、2 号母联开关,正母、副母分段开关保护	RCS-923A(过流解列保护)		跳本开关
35kV 保护			
0 号站用变保护	CSC-241C		跳城变 3639 开关
1 号站用变保护	CSC-241C		跳 2 号主变 320 开关
2 号站用变保护	CSC-241C		跳 3 号主变 330 开关
2 号主变 1、2 号低抗保护	CSC-231		跳 2 号主变 1、2 号低抗开关及 2 号主变 3520 开关
2 号主变 35kV 低抗/低容自动投切装置	CSS-542A		跳、合 2 号主变 1、2 号低抗开关
3 号主变 3 号低容保护	CSC-221B		跳 3 号主变 3 号低容开关
3 号主变 35kV 低抗/低容自动投切装置	CSC-221C		跳、合 3 号主变 3 号低容开关